手戻りのない先行開発

QFDの限界を超える新しい製品実現化手法

加藤芳章 — 著

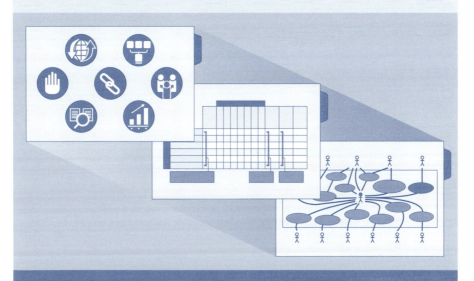

日刊工業新聞社

はじめに

　近年は、他社を圧倒的に凌駕する新製品の企画や商品化が強く望まれているが、各社とも苦労しているのが実情である。トレンド予測を行ったり、QFD（品質機能展開）手法を使ったりして将来の顧客要求に迫ろうとしているが、当然のことながら他社も同様のアプローチを行っていて、結局似たような新製品が商品化されることになる。
　これまでの画期的な新製品を見るにつけ、トレンド予測から生まれるのではなく、トレンドを切り開くパワーを備えているのが支持される新製品と認識している。その際、QFDは製品改良には非常に有効なツールと言えるが、製品を構成する要素があらかじめ決まっているため、独創的な構造の製品を創出することにはあまり向いていないようである。さらにITやインフラの世界では、斬新なコンセプトを創出すること自体がテーマとなっており、担当者の悩みは尽きない。
　本書は、第1章で斬新なコンセプト、かつ他社が思いもよらない新機能を追加した製品を創出できるプロセスとして、後に詳述する「人間の6つの本質特性」と「7つの着眼点」を切り口にしたマトリックスツールを使う手法を推奨する。この手法で開発のコンセプト出しができたら、プロジェクト管理手法として近年注目されるシステムズエンジニアリングの「ユースケース図」を活用する。
　ユースケース図で明確化した要求機能・制約機能について親和化し、想定課題出しを行い、類似法を使って複数の実現候補案を出すのが次のステップである。そして最後に、アイデア出ししたコンセプトに相応しい実現候補案を決定する。
　第2章では、自動車や家電製品のような基本機能が明確な製品に関して、他社を凌駕する構造を創出する手法について紹介する。モノづくり分野では製品の構成要素があらかじめわかっているため、構成要素間の機能・属性分析を行う。機能・属性分析とは各要素間がどのような物理

関係でつながり、それらがどのような機能を果たすかを見える化したものである。ここで、第1章で紹介する「7つの着眼点」を活用してどんなニーズを実現したいか考えることで、画期的製品の創出が行える。

一方、自動車など省エネルギーを最優先するような製品の場合、損失エネルギーの根本原因を追究することが有効である。ガソリンエンジンのパワーは、タイヤに伝わる間に約70％が熱や各部の摩擦により捨てられている。エネルギー損失の本質に遡って考察する手法は、構成要素にとらわれることがなく、画期的製品を創出できる。

第3章では、アイデアを現実に置き換える「専門知」を増やすコツについて紹介する。本書では、アイデアを実現手段に変換するために必要な知識を専門知と定義している。専門知が不足していたら、どんなに優れたアイデア発想法も役には立たない。トヨタのプリウスやアクアは今や大ヒット製品に育ったが、たとえハイブリッド車を思いついたとしても遊星歯車に関する知識がない人には、トヨタ方式のハイブリッド車は創出できなかったはずだ。

そのような専門知をストックする手法として、私が推奨するのはPowerPoint（マイクロソフト）を使った「知識の見える化」と「ワンポイントレッスン」である。これも後に詳しく述べるが、みなさんの中にも「これは役立ちそう」と思うような知識や情報はメモで残していることであろう。しかし、こうしたメモはすぐどこかに紛れ込み、紛失しがちである。その結果、有用であった知識もやがて曖昧になる。そこで、マスターした知識をPowerPointで「知識の見える化」をして定着させるのである。

さらに、見える化した資料を用い、自分がマスターした知識を周囲に伝授するのがワンポイントレッスンである。内容を理解してもらえたら、その知識は専門知になった証である。理解されなければその知識の理解は不十分ということで、再度資料を修正してワンポイントレッスンを繰り返し、知識を定着させることで専門知はストックされる。

次に、専門知を効率良く多数蓄積することが重要になる。そのためには、他所の知恵を活用することである。新技術が発表されたら鵜呑みに

はせず、従来技術との変化点に着目したり、核心技術を抜き出したり、原理モデルまで分解して知識の見える化を進めたい。また近年では、誰もが簡単に特許検索やインターネット検索ができ、「製品名＋機能」のキーワードで検索すれば役立つ知識が得られる環境が充実してきた。

第4章では、モノづくり分野の定石である便利な機構事例について紹介する。自動車、家電製品、あるいは日用品であっても、よく使われる定石のような便利な機構がある。同章で紹介する機構事例は、対象が自動車や家電製品の場合でも機能別にグルーピングしているため、分野を問わずモノづくり技術者のアイデア出しに役立つと確信している。

そして、第5章では新技術を手戻りなく開発する手法を紹介する。優れたコンセプトを実現する手段が革新的であればあるほど、複数の専門技術分野が関わっているのは間違いない。また、これまで経験したことがないような使われ方をする確率が高くなる。このようなものを設計する場合は、コンセプト段階からシステム成立検証を行うシステムズエンジニアリング手法が有効である。本書では、システムズエンジニアリングについて専門知と融合して開発を進める独自手法を、具体例を適用して説明する。

本書は、先行開発を効率的に進めるための有効なツールと自負している。実務でご活用いただくことを願い、どのような分野の方にも理解できるよう腐心してまとめたつもりである。

なお、各章の終わりに演習問題を設けた。読んだ直後は「なるほど」とわかったつもりでも、しばらくすると忘れるのが人間の常である。演習問題を自ら解く行為により、読んだことが即、実体験でき、より一層理解が深まることを期待している。中堅技術者は押し並べて多忙であり、読書する時間も限られると思い、どの章からも読み始められるようにした。関心のある部分からでも構わないので、ぜひご一読いただき、効果を体感していただけたら幸いである。

2015年3月

加藤　芳章

手戻りのない先行開発
QFDの限界を超える新しい製品実現化手法

目　次

はじめに ·· 1

第1章　先行開発の基盤となるコンセプトづくり

1-1　アイデア出しの心構え ·· 10
　　　後発メーカーは先行メーカーと同じ土俵では戦わない／将来トレンド予測を当てにしない／アイデア出しにQFD手法は使わない

1-2　人間の6つの本質特性 ··· 13
　　　拠り所を探す／アイデア出しに役立つ類似法を体得する

1-3　7つの着眼点 ·· 17
　　　"加藤流"アイデアを出す7つの着眼点／機構の簡素化とフェールセーフの両立／複数の機能を持たせること／自分野と共通の基礎技術を使う他分野に注目

1-4　「6つの本質特性」と「7つの着眼点」のマトリックス ············ 25
　　　ネックをあぶり出す／付加機能を考える

1-5 ユースケース図を使う 30
　　実現手段である「How」をいったん忘れる／要求機能と制約機能を煮詰める／アイデアの抜けや漏れをなくす手段

第2章 時代に即した製品開発を促すアイデア発想

2-1 7つの着眼点で機能・属性分析を行う 42
　　目的意識を持たないと効果が少ない／変化点に着眼する

2-2 損失エネルギーの根本原因を追究して課題抽出 49
　　ロスが発生する本質課題をあぶり出す／効果的なポンプ駆動システム／制動時のエネルギー回生方法／クラッチ締結時の発熱ロス

第3章 アイデア具現化のための専門知を増やすコツ

3-1 専門知を増やす心構え 64
　　知りたいという欲求を持つこと／知識の本質を理解する／専門知識の奥行きと幅を広げる／ストックした知識を上手に整理する／専門知を定着する手法

3-2 PowerPointによる知識の見える化と
　　ワンポイントレッスン 69
　　PowerPointによる知識の見える化／ワンポイントレッスンで専門知に定着

3-3 上手に知識を整理する ………………………………………………… 73
　　専門知の整理へのアプローチ／専門知識の分類／アイデア出しの常套手段

3-4 他所の知恵を活用する手法 ……………………………………………… 77
　　新製品・新技術の発表や論文発表は新知識の宝の山／変化点への着目から原理モデルへの分解まで／特許調査は他所の知恵をいただく絶好のチャンス／専門家に直接教えてもらう、専門書を活用する

3-5 結果・原因分析で役立つ知識を増やすコツ ………………………… 88
　　中核原因を突き止める／キーワードの複数抽出／原因を絞り込めない場合の対策

第4章 モノづくりの定石とされる便利な機構事例

4-1 力を拡大する機構 ……………………………………………………… 100
　　斜面を活用して力を拡大／セルフサーボ機構を活用して力を拡大／パスカルの原理を利用して力を拡大／梃子の原理を利用して力を拡大

4-2 力をためる機構 ………………………………………………………… 106
　　アキュムレータにより油圧に変換して力をためる／ばねにより力をためる／フライホイールで力をためる／バッテリー・キャパシタで電気をためる

4-3 速度を変える・動力を分割する遊星歯車機構 ……………………… 115
　　遊星歯車の多彩な機能／回転速度と回転方向を求める／ダブルピニオン遊星歯車の活用／トヨタハイブリッドシステムにおける遊星歯車の活用

目次

4-4 リンク・カム機構 ································· 124
　　リンク機構／カム機構

4-5 力を一方向だけ伝える機構 ······················ 127
　　1ウェイクラッチ／1方向送り機構／2ウェイクラッチ

4-6 かしこい油圧弁 ··································· 134
　　3方比例電磁弁／チェック弁

4-7 監視役としてのセンサー ························· 140
　　要求機能を日頃から意識する／便利と感じた機構は見える化を進める

第5章 新技術を手戻りなく開発する進め方

5-1 すべてはアキレス腱探しから始まる ············ 146
　　自動車用変速機に関する新技術のアキレス腱探し／アキレス腱探しの進め方

5-2 ハード屋と制御屋が同じ土俵でシステムを共有化する ········ 151
　　トレードオフへの対応／パラメトリック図による見える化

5-3 専門知を活用して適用限界を知る ··············· 154
　　寿命推定の進め方／共振周波数への対処

5-4 損失エネルギーの根本原因の追究で技術の破綻を見抜く ······ 158
　　変速機の基本機能で考える／機構の長所と短所を見極める

5–5　全知全能な人はいない（餅は餅屋に聞く）·················· 160
　　　同席設計の有用性／英知の結集が手戻りを防ぐ

5–6　意地悪操作でもシステムが破綻しないことを検証する ··········· 162
　　　走行状況における意地悪操作の例／想定できる意地悪操作をつぶす

演習問題の解答 ··· 167

索　引 ··· 186

第 1 章

先行開発の基盤となるコンセプトづくり

　ITやインフラ関係の先行開発では、優れたコンセプトの創出が最も重要である。モノづくり分野の先行開発においても、コンセプトが共有化されていないとハード開発が主体となり、開発の狙いが曖昧になることがある。

　ところで、コンセプトとはいかにも抽象的なもので、ヒントになる拠り所がない限り発想することはできない。そのような拠り所として、人間の6つの本質特性を横串に、7つの着眼点を縦串にした「6つの本質特性」と「7つの着眼点」のマトリックスを活用することが有効である。

　そして、コンセプトが決定したら、そのコンセプトを実現する最適手段を創出することが重要である。そのために利害関係のある各要素間で、要求機能・制約機能を明確にするシステムズエンジニアリングのユースケース図を活用し、他分野で似たような技術がないか調べる類似法を使い、コンセプトを組み立てることが本章のエッセンスである。これらのツールの活用方法について、これから具体的に紹介していく。

1-1 アイデア出しの心構え

▼ 後発メーカーは先行メーカーと同じ土俵では戦わない

　他社がヒット製品を出すと、慌てて追従して類似製品を出すが、多くは負け犬になっている。後続企業が追従製品を出す場合は、他社ヒット製品に対して明確なアドバンテージや差別化ができる場合以外、追従してはいけない。このような場合は、他社ヒット製品と違う土俵で勝負することに切り換えることが重要である。

　アサヒビールは、1987年3月に世界初の辛口ビール「アサヒスーパードライ」を発売開始し、年間1,350万ケース販売する新記録を樹立した。これを見て競合3社が追随し、翌1988年からドライビールを発売した。しかし、結局はアサヒビールの一人勝ちで、他社はドライビール戦争から戦線離脱し、新たな次期主力製品の模索に方向転換している。

　トヨタのハイブリッドシステムは小型車から大型車まで、さらにはFF車でもFR車でも同一システムが適用でき、他社のハイブリッド車より燃費が優れ一人勝ちの状態である。日産もハイブリッド車に対抗して電気自動車（EV）を販売しているが、販売台数ではトヨタハイブリッド車に大きく水を開けられている。これは、EVがハイブリッドやガソリン車と同一土俵で戦っているからである。もし、自動運転のような別の土俵になれば、制御が非常に複雑なハイブリッド車よりも、EVの方がはるかに向いている。

　このように、現状だけで物事を判断するのではなく、別の土俵をつくって新たな市場を開拓する心構えが重要である。

▼ 将来トレンド予測を当てにしない

　図1-1は、トヨタハイブリッド車の販売台数推移である。2003年度は国内外を含めて30万台程度であった。2003年度時点で、10年後に600万台以上の販売台数になることを予想できた人はいるだろうか。こ

第1章　先行開発の基盤となるコンセプトづくり

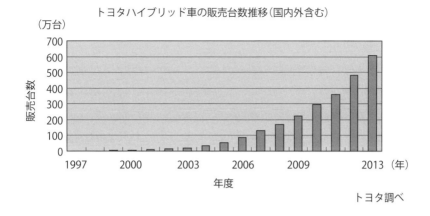

図1-1　ヒット商品の将来予測が不能な例

のように将来トレンドは当てにできないのである。将来戦略を立てる場合は必ず将来トレンドを予測し、将来はこのようになるからこんな製品を開発すべき、というようなやり方をするのが一般的である。しかし、これは間違いである。

　同業他社も同じようなやり方をしているため、他社と似たような製品しか開発できない。なぜ、このようなやり方をするかと言えば、役員に説得しやすいからである。将来トレンド予測をする前に、顧客にとってどんな製品を出したら感動されるか、喜ばれるかという視点でコンセプトを考えるのである。次に、世の中でブームになっていることとか、ITやインフラがどのように進歩してきて、将来はどのようになるかを調べて、思い描いたコンセプトが受け入れられるか検証してみよう。

▼アイデア出しにQFD手法は使わない

　顧客の声をもとに要求品質を列挙し、重要度の重みづけに応じて重点改善品質性能を決めるのが、QFD手法の概要である。QFD手法の実例を**表1-1**に示す。このやり方では、改善要求性能と達成する構造を構

表1-1 QFD手法は品質改良ツール

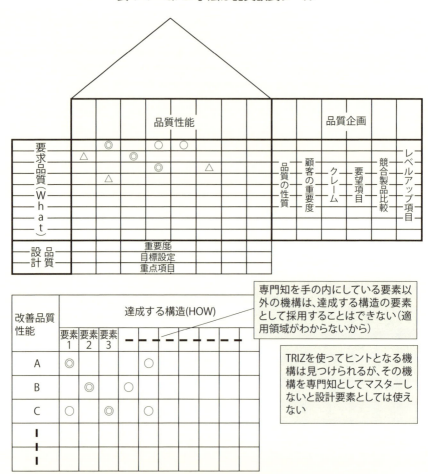

成する要素との関連づけが必要となるため、従来製品の品質改良や、同業他社製品の後追いか、せいぜい一歩リードするような製品開発までが限界である。

どうしても、既存製品を構成する要素をベースに、アイデア出しする

傾向になってしまうからである。改善要求機能を実現するためには、既存の構成要素にどのような改良を加えればよいかという発想になりがちであるため、製品の改良はできても、構成要素事態を一新するようなアイデアは出てこない。画期的なアイデア出しをするためには、利害関係のあるすべての要素と要求機能、制約機能を明確にするシステムズエンジニアリングのユースケース図が有効である。

いったん、既存製品の構成を忘れて、対象製品と利害関係のあるすべてに対して要求機能・制約機能を洗い出す。その後で、それら要求機能を実現する手段を洗い出すのである。

ここで、大きなハードルが存在する。いくら優れた要求機能を思いついても、トレードオフ関係にある制約機能を満足させないと解決案にはならない。そもそも、制約機能を満足しつつ要求機能を実現する具体的な手段を創出しない限り、ユースケース図は堂々巡りする。

実現する具体案を創出するためには、何らかの手がかりは欠かせない。最も有効な手法が類似法である。世の中で製品化されているものがどんな原理を使っているか、どんな機構を応用しているかについて日頃から関心を示し、制約条件と要求機能を両立するために、他分野の類似技術が使えないかという思考回路を働かせることは、非常に有効である。

1-2 人間の6つの本質特性

顧客ニーズが多様化する時代を迎えて、どんな製品を出せばよいかという新しいコンセプトを打ち出すことが、競争優位の分かれ目になってきている。通常の発想法は、明確なコンセプトが決まっていることが前提で、そのコンセプトを実現する手段に対するアイデア出しに活用するのが一般である。発想法として有名なTRIZでさえ、コンセプトまでは発想することはできないと明言している。

▼拠り所を探す

　コンセプトを発想する場合、根拠となる拠り所を探すことが最も重要である。自動車や家電製品ならば、あらかじめ基本機能が決まっており拠り所で悩む必要はないが、ITやインフラ関係の場合は拠り所を自ら探すところからスタートして、コンセプトを構築する必要がある。
　このような環境で拠り所となるのが、人間の6つの本質特性である。6つの本質特性は以下に示す通りである。
　①手軽に欲求をかなえる
　手軽に欲求をかなえたいことの身近な例として、最近コンビニで扱うようになった本格コーヒーが挙げられる。その売上が、コンビニ食品部門でトップになったというのを聞いた記憶がある。
　②感動する（ワクワクしたい）
　感動したい例として、宇宙旅行体験ツアーという企画が挙げられる。一般の人でも宇宙旅行ができる時代を迎えたということで、技術の進歩の速さには驚かされる。
　③達成感（成功体験をしたい）＋競い合う
　成功体験をしたい＋競い合いたい例として、ゲームソフトの「パズル＆ドラゴンズ」が挙げられる。スマートフォンの普及で、さまざまなゲームを手軽に行えるようになったが、多くのゲームソフトは達成感と、競い合うという人間の本質特性を活用している。
　④連帯感（仲間意識を持ちたい）
　無料で通話ができるLINEなどは、つながっていたい人間心理にかなっているように思う。
　⑤健康志向（アンチエイジング）
　医療の進歩で人間の寿命は大幅に延びてきた。それに伴って、認知症になったり、脳疾患などで体が不自由になったり、糖尿病で特有の症状が発症したりする確率が高まっている。高齢化社会においては、いつまでも健康でいたいという欲求は当然である。このような要求に対応する例として、ITを活用した医療連携サポートシステムなどが、企業や自治体などで真剣に検討されている。

▼アイデア出しに役立つ類似法を体得する

　コンセプトは、ヒントとなる拠り所がない限り発想することはできない。このことは以前にも書いたが、コンセプトを創出しても実現する手段が思いつかなければ、そのコンセプトは実現できない。コンセプトを実現する手段を思いつく1つの手法が、類似法である。他分野で製品化されている手法やコンセプトが、今回のコンセプトを実現する手段に応用できないかという思考法で見ることが類似法である。

　この類似法を有効手段とするためには、日頃からいろいろな分野で起きている事象に関心を示し、上記人間の6つの本質特性のどの項目に該当するか調べる。そして、その同類の事象を、ひと言で言い表す共通標語をつけて、類似点として見える化をするのである。この見える化の蓄積は、類似法として新しいアイデア出しに役立つのである。

　表1-2に一例を示す。ルイヴィトンのバッグ、シャネルの香水、ロレックスの時計は、競い合う人間心理に該当し、類似点は「ブランドに対して金を払う」である。高級ホテルの即席カレーや有名ラーメン店の即席麺は、手軽に欲求をかなえる例であり、類似点は「ブランド＋即席」である。イケアの組立家具やジグソーパズルのポートレートは、人間の達成感心理を満足させるものであり、類似点は「オンリーワン製品」である。また、回転寿司やドライブスルー、宅配ピザなどは、気軽に欲求をかなえる心理に関係し、類似点は「ドア・トゥ・ドア」となる。

　ディズニーランドやユニバーサルスタジオジャパンは感動するに該当し、類似点は「演出型観光施設」で、同じく感動するに該当する絶叫マシンやホラーシアター、バンジージャンプの類似点は、「異次元体験」となる。LINEやFace bookは連帯感に該当し、類似点は「つながる」である。タニタ食堂やカーヴィーダンスは健康志向を目指すものであり、類自点は「肥満防止」である。

表 1-2　類似事象を 6 つの本質特性にマッピングする具体例

類似点	手軽に欲求をかなえる	感動する	達成感	競い合う	連帯感	健康志向
ブランドに対して金を払う				ルイ・ヴィトンのバッグ シャネルの香水 ロレックスの時計		
ブランド＋即席	高級ホテルの即席カレー 有名ラーメン店の即席麺					
Only One 製品			イケアの組立家具 ジグソーパズルのポートレート			
Door to Door	回転寿司 ドライブスルー 宅配ピザ					
演出型観光施設		ディズニーランド ユニバーサル・スタジオ				
肥満防止						
つながり		絶叫マシン ホラーシアター バンジージャンプ			LINE Facebook	
異次元体験						タニタ食堂 カーヴィーダンス

1-3 7つの着眼点

アイデア出しの着眼点としては、アレックス・オズボーン教授の「SCAMPER」が有名である。これは、以下の7つの言葉の頭文字で構成されている。

○ Substitute：代用してみたら？
○ Combine：結合してみたら？
○ Adapt：応用してみたら？
○ Modify：変更してみたら？
○ Put：置き換えてみたら？
○ Eliminate：減らしてみたら？
○ Reorder：逆転してみたら？

▼ "加藤流" アイデアを出す7つの着眼点

私が提唱する7つの着眼点は、オズボーン教授のものと重複する部分も多いが、以下に示すものである。

①換える
②分ける
③やめる
④結合する
⑤一人二役させる
⑥変化点を探す
⑦高度化する

図1-2はアイデアを出す7つの着眼点を視覚化したものである。視覚化することで着眼点は記憶しやすくなり、この機会に視覚化シンボルとともに7つの着眼点を覚えよう。以下にそれぞれの着眼点の具体例を紹介する。

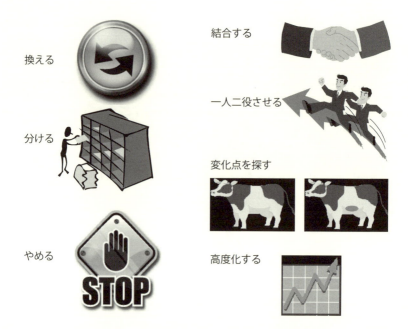

図1-2　アイデアを出す7つの着眼点

　図1-3は「①換える」の具体例である。上の例は指し棒をレーザーポインターに換えた例である。下の例は複雑なリンク機構を介して、ドライバーのシフト操作に応じた変速ギヤを選択する変速操作機構をモータ駆動円筒ドラムシフトに換えたものである。これは円筒ドラム部に複数のカム溝が設けられ、ドライバーのシフト操作に応じて、モータで円筒ドラムの回転角度を調整し、カム溝に倣って移動するシフトフォークで変速ギヤを選択するシフトバイワイヤーである。
　TRIZにおける技術進化の法則を活用すると、初期レベルで機械系だけで構成される機能は、進化すると電磁界を利用するものに置換される法則がある。上記2つの置換の例はこの法則に合致している。
　換えるという着眼点の場合、電子化できないかということも合わせて考えるとアイデアは出しやすくなるが、フェールセーフの両立も同時に検討すべきである。

第1章　先行開発の基盤となるコンセプトづくり

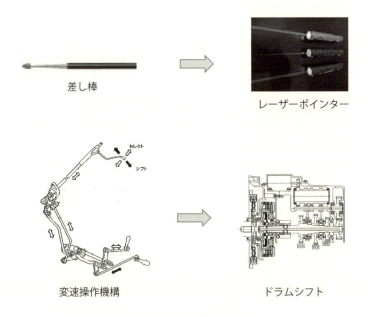

図 1-3　換える具体例

▼機構の簡素化とフェールセーフの両立

　図 1-4 は「②分ける」の具体例である。図 1-4(a)は、サイクロン型気泡除去装置であり、物体に作用する遠心力は比重の大きいものほど外側で回転する原理を利用し、比重の小さい気泡と比重の大きい液体を分離している。この原理を活用した別例として、サイクロン方式の電気掃除機がある。

　図 1-4(b)は、デュアルクラッチトランスミッション（DCT）の構造原理図である。通常の手動変速機（MT）は、発進用のクラッチが1つしかないため、変速時にはこのクラッチを切って使用ギヤ段を切り替えている。そのため、変速ごとにエンジン動力の伝達が遮断され、快適性を阻害している。

　DCTの場合は、奇数変速段用のクラッチと偶数変速段用のクラッチに分けたところが特徴である。奇数変速段で駆動している状態で、偶数変速段用クラッチを遮断して偶数段用ギヤを選択しておけば、変速時に

19

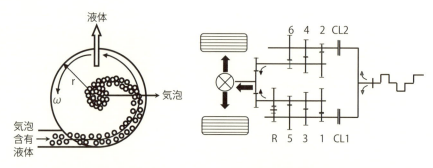

(a) サイクロン型気泡除去装置
（遠心分離を応用）

(b) DCT（奇数段用発進クラッチと偶数段用発進クラッチに分けることで変速時空走感防止）

図1-4　分ける具体例

は奇数段用クラッチを切りつつ、偶数段用クラッチを締結するとエンジン動力を遮断することなく変速が行え、通常の自動変速機のような快適性を確保できる。

　図1-5は「③やめる」の具体例である。図1-5(a)は、エンジンのスロットル開度を従来のアクセルペダルとケーブルを介し、リンクしていたスロットルバルブ用ケーブルを廃止したものである。アクセルペダル操作量に応じてステッピングモータのような電動アクチュエータにより、最適なスロットル開度に制御するスロットルバイワイヤーである。

　図1-5(b)は、「①換える」の具体例でも紹介したシフトバイワイヤーである。近年では技術が進歩し、ブレーキバイワイヤーなども実用化されつつある。電子化が進むとやめられる機構は増加するが、機構があったおかげでフェールセーフが成立している場合が大半である。したがって、機構を廃止する場合は、フェールセーフについても同時に成立する解を検討する必要がある。

第1章　先行開発の基盤となるコンセプトづくり

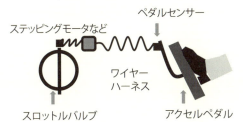

(a) スロットルバイワイヤー

(b) シフトバイワイヤー

図1-5　やめる具体例

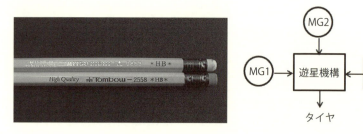

(a) 消しゴム付き鉛筆　　　　　　(b) トヨタTHSの構成

図 1-6　結合する具体例

▼ **複数の機能を持たせること**

　図 1-6 は「④結合する」の具体例である。図 1-6(a)は、消しゴム付鉛筆である。写真の通り鉛筆の頭に消しゴムを固定して、書く機能と消す機能を行えるようにしている。シャープペンシルの場合は、消しゴム以外に替え芯まで収納できるようになっている。

　一般に文房具はいろいろなアイデア製品があり、興味を持って見ていると意外に役立つ知識を見つけることができる。摩擦でインクが消えるボールペンや針を使わないホッチキスなどが実用化されている。

　図 1-6(b)は、トヨタのハイブリッドシステムである。遊星ギヤを介してエンジンとモータとジェネレータが結合する構造になっている。ジェネレータで発電しつつモータ走行したり、エンジンとモータで走行したり、減速時にはエンジン停止状態でモータ発電などが行え、通常のガソリン車に比べて大幅に燃費を向上させている。遊星歯車の詳細については後述するが、大変便利な機構であるのでよく理解しておくことをお勧めする。

　写真 1-1 は「⑤一人二役させる」の具体例である。写真左は電子オーブンレンジで、マイクロ波による暖める機能と、電熱線で焼く機能を備えている。写真中央は 3 色ボールペンで、1 本のボールペンで黒・赤・青色の文字を書くことができる。写真右は乾燥機付洗濯機である。洗濯と同時に乾燥まで行え、まさに一人二役である。家電製品には複数の機能を詰め込んだものが多く、注意深く見てみると参考になる。

電子オーブンレンジ
（マイクロ波と電熱線切り替え
で焼く／暖める機能）

3色ボールペン

乾燥機付洗濯機
（ヒーターによる温風
乾燥／送風タイプ）

写真1-1　一人二役させるの具体例

	従来車	アイドリングストップ車
エンジン	アイドリング	停止
変速機油圧	正常	ゼロ
スタータ	キーオン時のみ作動	再発進ごとに作動

変化点から顕在化する
アイドリングストップ車の課題
・再発進時のタイムラグ
・停止時変速機油圧保持
・スタータ頻度増加による劣化

ブレークスルー
するアイデアは？

図1-7　従来車とアイドリングストップ車との車両停止時の変化点

　図1-7は「⑥変化点を探す」の例として自動車のアイドリングストップ機構を例にして、従来の自動車とアイドリングストップ車ではどこに変化点があるかを比較したものである。

　従来車に比べてアイドリングストップ車のエンジン停止回数が大幅に増加し、スタータの始動頻度も増加する変化点に気がつく。従来車ではアイドリング時でも変速機用ポンプはエンジンで駆動され、変速機に正常な油圧を供給している。そのため、発進の際のエンジン動力は速やか

に変速機を介して車輪に伝わり、スムーズな発進が可能である。

　一方アイドリングストップ車では、停止中にエンジンが止まる。そのため、発進時は変速機に油圧が供給されるまでエンジン動力は車輪に伝わらず、スムーズな発進が困難という変化点がある。これらの変化点に着目して解決するアイデア出しを行えば、課題が明確化されているため質の高いアイデアが出やすくなる。

▼自分野と共通の基礎技術を使う他分野に注目

　写真1-2は「⑦高度化する」着眼点でアイデア出しするための事例として、電球の変遷を示したものである。

　エジソンにより発明された白熱電球は、フィラメント（抵抗体）に電流を流してジュール熱を発生し、輻射を利用して照明する方式のため、発光効率が低く寿命も短い欠点がある。蛍光管電球は、放電で発生する紫外線を蛍光体に当てて可視光線に変換する方式で、白熱電球より発光効率は高く寿命も長いことで多用されてきた。ところが最近では、LED電球が省エネルギーと高寿命の特徴を活かして急速に普及してきている。

　LED電球は発光ダイオードに電圧をかけることで、直接光を放出するため、極めて発光効率が高く長寿命である。ただし、初期の発光ダイオードは基本的に単一色しかつくれず、色の自由度が低い欠点があった。しかし、青色発光ダイオードが量産可能になったおかげで、青・赤・緑色（光の3原色）の発光ダイオードを使ってあらゆる色が表現できるようになり、現在の普及につながっている。

　このように技術は着実に進歩するため、新しいアイデアを思いついても自分の知識レベルの判断で、夢物語として切り捨てることをしないように心がけてほしい。他の分野では常識であるような先端技術が、それ以外の分野のニーズを知らなかったために適用されていない例もあり、他分野の先端技術に対する感度を高めておくことは大切である。

　ここで、アンテナを高くすることにもコツがある。闇雲に他分野の技術を調べても骨折り損になる確率は高い。そこで、自分野と共通の基礎

第 1 章　先行開発の基盤となるコンセプトづくり

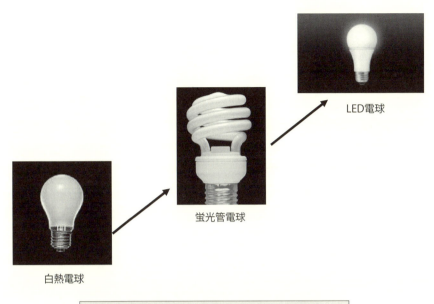

他分野の先進技術が適用できないか調べる

写真 1-2　高度化する電球の進化

技術を使っている他分野の新技術を調べるのがコツである。自分野でナノテクノロジーを活用していれば、化粧品分野や創薬分野を調べる。レーザー技術を活用していれば、計測機器や医療機器分野の新技術を調べるようにする。

1-4　「6つの本質特性」と「7つの着眼点」のマトリックス

　これまでにコンセプト出しの拠り所となる手法として、人間の6つの本質特性と7つの着眼点について説明してきた。ここで私が推奨するコンセプト発想法が、この2つをマトリックスにした図表を活用する手法である。

表1-3 人間の6つの本質特性と7つの着眼点マトリックス

		具体的項目	7つの着眼点						類似技術	ネック技術	付加価値
			入れ換える	機能を分ける	止める	結合してみる	一人二役	変化点	高度化			
6つの本質特性	手軽に欲求をかなえる											
	感動する											
	達成感											
	競い合う											
	連帯感											
	健康志向											

- アイデア出しをしたいWHATを6つの本質特性の該当する項目欄に記入
- そのWHATと類似技術をこの欄に記入
- そのWHATのネック技術をこの欄に記入

▼ネックをあぶり出す

　このマトリックスについても活用の仕方で2種類がある。**表1-3**は第1のマトリックスである。どんなコンセプトをつくりたいかというアイデアを考える上で、6つの本質特性のどれをターゲットにするか最初に考える。次にそのコンセプトを達成するために、7つの着眼点のどれを使うか考える。さらにそのコンセプトと類似技術、類似事象については類似技術欄に記入し、そのコンセプトを実現する場合のネック技術、ネック課題についてネック技術欄に記入する。

　このようなプロセスを踏むことで、どんなコンセプトをつくりたいかあぶり出すことができる。また、そのコンセプトを実現するためのネック課題を同時に明確化することができる。

　表1-4はこのマトリックスを活用した具体例である。新たに創出するコンセプトは、手軽に欲求をかなえることをターゲットとして、テー

第1章 先行開発の基盤となるコンセプトづくり

表1-4 マトリックス活用事例

		具体的項目	7つの着眼点						類似技術	ネック技術
			入れ換える	機能を分ける	止める	結合してみる	一人二役	変化点	高度化		
			乗合バス→金斗雲							セグウェイ・ルンバ	バス発着時間間隔・発着場所が固定
		テーマパークのアトラクション会場移動を瞬時にしたい									
6つの本質特性	手軽に欲求をかなえる										
	感動する										
	達成感										
	競い合う										
	連帯感										
	健康志向										

金斗雲はEVベースの自動運転装置

表1-5 明確化されたコンセプトに付加価値をつけるツール

		7つの着眼点						付加機能
		入れ換える	機能を分ける	止める	結合してみる	一人二役	変化点	高度化	
6つの本質特性	手軽に欲求をかなえる								
	感動する								
	達成感								どの行に該当する新たな付加機能が生まれる
	競い合う								
	連帯感								
	健康志向								

そのWHATにどの行列に該当する手段を適用すると

マパークのアトラクション会場を瞬時に移動したいとした。その手段として7つの着眼点の「入れ換える」を活用して、乗合バスから金斗雲に変更することとした。

次に、金斗雲と類似技術とネック技術について考える。類似技術として1人乗りの移動手段であるセグウェーや、自動で掃除をしてくれるルンバが思いつく。さらに乗合バスを頭に浮かべてネック技術を考えれば、発着時間間隔や発着場所が固定していることが考えられる。

これらの類似技術やネック技術を踏まえて、金斗雲のコンセプトはEVベースの自動運転装置に決定する。金斗雲のコンセプトが決まり、この金斗雲に付加価値をつけるために活用するツールが、**表1-5**である。6×7のマスの中から該当するマスを使って、どんな付加機能をつけるか考えるのである。

▼ **付加機能を考える**

表1-6は、このマトリックスを使って金斗雲のコンセプトに付加機

第1章　先行開発の基盤となるコンセプトづくり

表1-6　マトリックスを使って金斗雲に付加機能をつける例

		7つの着眼点						付加機能
		入れ換える	機能を分ける	止める	結合してみる	一人二役	変化点	高度化	
6つの本質特性	手軽に欲求をかなえる				IT				アトラクション会場の入場待ち時間情報やレストラン情報などテーマパーク内情報入手できる
	感動する					ファーストパス			金斗雲乗車者は特定アトラクションにファーストパスが付与され、少ない待ち時間でそのアトラクションに参加できる
						キャラクター			金斗雲の外観をキャラクターに変える。記念撮影ができる。
	達成感							自動/手動切替	手動運転も可能で、手動運転でも危険回避可能
	競い合う		移送/レース						アトラクション会場移送手段だけではなく、専用レースでは金斗雲レースができる
	連帯感				連結				仲間の金斗雲と合体して移動中も会話ができる
	健康志向				つぼマッサージ				金斗雲のシートにつぼマッサージ機を追加する

能をつける具体例を示す。「手軽に欲求をかなえる」と「結合」を組み合わせて金斗雲にITをリンクさせ、アトラクション会場の入場待ち時間情報やレストラン情報など、テーマパーク内の情報がすべてわかる付加機能を考えた。「手軽に欲求をかなえる」と「一人二役」を組み合わせ、金斗雲乗車者は特定アトラクションのファーストパスが付与されて、少ない待ち時間でアトラクションに参加できるようにしたり、「感動」と「一人二役」を組み合わせ、金斗雲の概観がキャラクターになっていて記念写真が撮れたり、キャラクターもシーズンごとにイメージチェンジする付加価値はどうだろう。

　「達成感」と「高度化」を組み合わせて、金斗雲が自動運転するだけでなく、乗車者が手動で走行できれば楽しいだろう。ただし、手動ミスによる衝突などの危険を回避しなければならず、技術難易度は高くなる。

　ここまできたら、「競い合う」と「機能を分ける」と組み合わせて、金斗雲は単なる移送手段だけではなく、専用コースで他の金斗雲とレースさせることも可能だ。「連帯感」と「結合」を組み合わせれば、金斗雲同士を連結して移動期間中、仲間と会話を楽しめるようにすることができる。また、「健康志向」と「結合」を組み合わせ、金斗雲の座席につぼマッサージ機を追加すれば、乗車者の疲労を軽減する付加機能を追加できる。

1-5　ユースケース図を使う

　金斗雲というコンセプトが決定したら、次に行うのは金斗雲を実現する最適手段を見つけることである。そのため、システム構築の初期段階からシステムの妥当性検証を行うシステムズエンジニアリングにおいて、ユースケース図というものを作成する。ユースケース図の優れている点は、システムを要求機能と制約機能のみで関係づける点である。ユースケース図については馴染みのない人が多いと思うので、初めに簡単に

第1章 先行開発の基盤となるコンセプトづくり

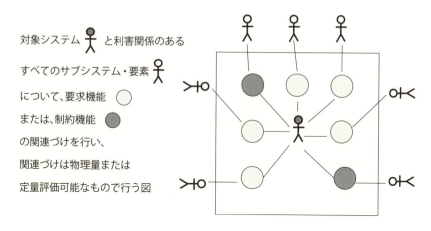

図1-8 ユースケース図

解説する。

▼実現手段である「How」をいったん忘れる

図1-8にユースケース図の概要を示す。ユースケース図は、システムと利害関係のあるすべてのサブシステムや要素との関連づけを、機能というWhat、Whyのみで行うことが特徴であり、ここではシステムを構成する機構のようなHowが一切出てこないことが特徴である。従来のHowに着目した機能・属性分析では、どうしても実現手段であるHowを注目するため、革新的なアイデアの発想を妨げることがある。典型的な例がFMEA（Failure Mode Effect Analysis：故障モード影響解析）である。

システムをどんどん要素に分解していき、どこに問題や原因があるかを解析するためには、FMEAは非常に有効な手段である。しかし、新しいアイデアを発想する場合に適用すると、その要素の問題なり原因を改善するにはどうすればよいか、という方向のアイデア発想になりがちである。これでは木を見て森を見ずの状態に等しく、目から鱗が落ちるようなアイデアは決して出てこない。

図1-9はシャープペンシルのユースケース図を表したものである。

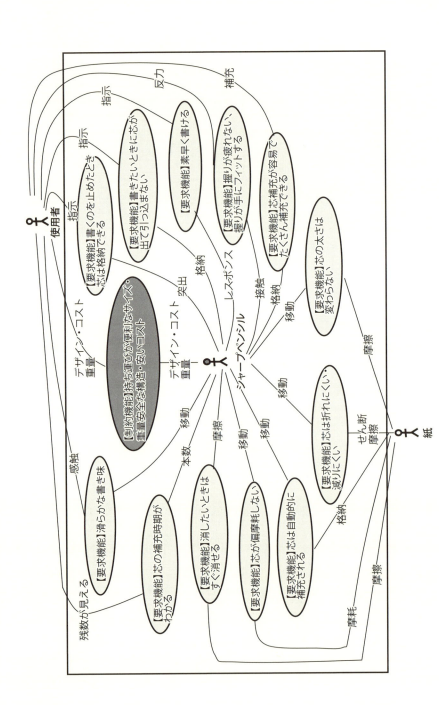

図 1-9 シャープペンシルのユースケース図の例

第1章　先行開発の基盤となるコンセプトづくり

表1-7　ユースケース図から実現手段（HOW）に変換するツール手段

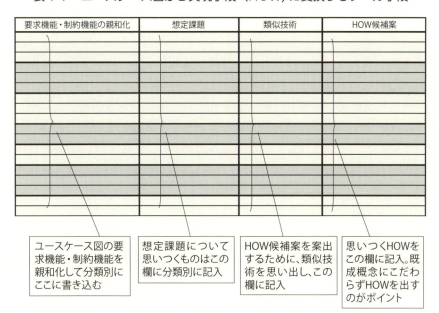

簡単に説明するため、シャープペンシルにとって利害関係のあるものとして使用者と紙のみとした。シャープペンシルをフィールドの中心に配置し、使用者と紙をフィールドの外に配置する。

次に各利害関係のあるものにとって、シャープペンシルに対する要求機能、制約機能は何かを思いつくだけ書き出す。ここで、シャープペンシルの大きさ・コストが制約機能（濃いアミ）であり、それ以外（薄いアミ）は要求機能である。さらにシャープペンシルと使用者と紙との間での各機能が、どのような物理量を介してつながるかを線引きしたものがシャープペンシルのユースケース図である。

したがって、この図にはノック式芯送り機構のようなHOWは、一切出てこない。何をしたいかというWhatで、それぞれの利害関係のあるものとシャープペンシルが関係づけされているだけである。ここからシャープペンシルの要求機能を実現する機構（HOW）を創出するツールが、**表1-7**である。

▼要求機能と制約機能を煮詰める

　表1-7にも示した親和化の欄には、ユースケース図で洗い出したすべての要求機能と制約機能を親和化して分類したものを記入する。また想定課題の欄には、要求機能と同一分類の制約機能や、同一分類で思いつく課題を記入する。

　類似技術の欄は、同一分類に親和化された要求機能と制約機能、想定課題を眺めて、他分野の類似技術を思いつくまま記入する。このプロセスを踏むことで要求機能と制約機能を煮詰めることができ、他分野で実績のある類似技術を思い描ければ、制約機能を克服した要求機能実現手段（HOW）を創出することが可能となる。このような実現手段を複数創出できれば、最終的にコンセプトに最もふさわしい（HOW）を選択することが可能となる。

　表1-8はこのツールを使い、シャープペンシルの各要求機能を実現する候補案を創出した具体例である。芯出し機構については、類似技術として、電動ハブラシのスイッチを思いつけばサイドノック式が思い浮かぶし、おみくじ箱が思い描ければ重錘式の候補案が出てくる。口紅を類似技術と考えれば回転式となり、ベルトの張力を常に一定にするオートテンショナーを思い描けば全自動式芯出し機構が候補案となる。

　次に握り部のフィット感や疲れにくい要求機能に対しては、安眠枕やゴルフクラブ、野球バットを類似技術と考えれば、低反発式、ラバーグリップ、人間工学適用握り形状などが候補案となる。滑らかな書き味や芯偏摩耗防止、書いた字の太さが一定という要求機能、および芯の消耗が遅いという制約機能に対してボールペンの芯構造やボールペンインク材質を連想すれば、偏摩耗防止機構やポリマー芯材の成分改良などが候補案となる。

　芯を折れにくくする要求機能に対する制約条件は、書きやすいという機能を阻害してはいけないことと、芯を折れにくくするために重量が増えて、持ち運びが不便にならないことが挙げられる。類似技術としては、野球のヘルメットやキャッチャーのレガースにたどり着く。芯に斜めの強い荷重が加わると、ペン先が伸びて斜めになった芯を覆って折れにく

表1-8 シャープペンシルのユースケース図からHOW候補案を創出する具体例

要求機能の親和化	制約機能・ネック課題	類似技術	HOW候補案
書きたいときに芯が出て引っ込まない	安い	電動歯ブラシスイッチ	サイドノック式
書くのを止めたとき芯は格納される	携帯しやすい	おみくじ箱	重錘式
素早く書ける	デザイン性がある	口紅	回転式
		オートテンショナー	全自動式
握りが疲れない	安い	安眠枕	低反発式
握りが手にフィットする	デザイン性がある	ゴルフクラブ	ラバーグリップ
		野球バット	手にフィットする形状（人間工学適用）
滑らかな書き味	折れにくい	ボールペン先端機構	書きながら芯が回転
芯の太さは変わらない	ペーパへの定着性が良い	ボールペン顔料インク	芯材料
芯が偏摩耗しない	安い		
	消耗が遅い		
芯は折れにくい	書きやすさを犠牲にしない	ヘルメット	ペン先が移動
	重くならない	レガース	

> 1. 要求機能に関係ある類似技術を探すのがポイント
>   （火のないところに煙は立たない）
> 2. 要求機能とトレードオフ関係にある制約機能・ネック課題も見えるようにしてHOW候補案を出す
> 3. 極力、複数案を出して抜けや漏れをなくす

くする機構のものが、ゼブラから「デルガード」という商標で製品化されている。

▼アイデアの抜けや漏れをなくす手段

ここで同様の要求機能について、QFD手法を使って候補案を創出するプロセスを**表1-9**に示す。顧客の声などからユースケース図の要求機能とほぼ同様なものが出てきたとしても、QFDではそれらの要求機能と、シャープペンシルを構成する各要素部品との間の関係づけを行うプロセスが発生する。したがって、この時点でシャープペンシルの構成

表1-9 シャープペンシルをQFD手法でHOW出しする具体例

要求機能の親和化	シャープペンシルの構成要素									
	ボタン(ノック部)	芯室	圧縮ばね	連結具	チャック	締具	口金	芯ホルダー	軸筒	グリップ部	芯
書きたいときに芯が出て引っ込まない	○	○	○	○	○	○	○	○	○		○
書くのを止めたとき芯は格納される	○	○	○	○	○	○	○	○	○		○
素早く書ける	○		○								
握りが疲れない									○	○	
握りが手にフィットする									○	○	
滑らかな書き味											○
芯の太さは変わらない											○
芯が偏摩耗しない											

QFDでこのような要求機能が出るのは、他社製品にこの機能がある場合のみ通常、自社製品のクレーム以上の要求機能は出ない

新機構 ↓ 後追い技術

が確定しており、製品改良には有効であっても画期的構造の創出にはつながらないのである。

　ここで、芯が偏摩耗しないとか、芯が折れにくいという要求機能が出てきても、既存構造ではできないことがわかるだけである。他社では従来機構を大幅に変更し、このような機能を実現したため、気がついた時点で他社の後追いを認知できるだけである。

　話を金斗雲に戻そう。ユースケース図についてシャープペンシルの例でおおよそ理解できたと思うので、金斗雲のユースケース図を書いて見よう。

　図1-10が金斗雲のユースケース図である。金斗雲にとって利害関係があるものとして、天気のような気象条件も入れてある。これだけで十分とは言えないが、複数の人が集まってユースケース図をつくることで、

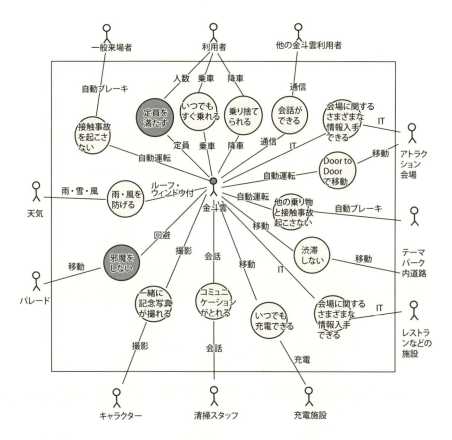

図1-10 金斗雲のユースケース図の例

抜けや漏れのないよう作成することが重要である。**表1-10**はユースケース図の要求・制約機能、想定課題から実現候補案を創出するツールを使い、金斗雲の各機能を実現する候補案を創出した具体例である。

さまざまなものとの「衝突回避」や「邪魔をしない」仕様としては、立体走行路を活用して無人運転するゆりかもめ、交通公園で見かけるスカイサイクリングの類似技術が思い出され、立体モノレール方式か立体道路方式が候補案となる。いつでも「すぐ乗れる」あるいは「乗り捨てられる」要求機能に対しては、無線タクシーやレンタカーなどの類似技術から中央管制システムの候補案が出てくる。

表1-10 金斗雲の要求機能・制約機能・想定課題からHOW候補案創出

要求機能・制約機能の親和化	想定課題	類似技術	HOW候補案
人と接触事故を起こさない		ゆりかもめ	立体モノレール式
他の乗り物と接触事故起こさない		スカイサイクリング	立体専用道路式
パレードを邪魔しない			
いつでもすぐ乗れる		無線タクシー	中央管制システム
乗り捨てられる		レンタカー	
		飛行管制センター	
渋滞しない	他の金斗雲との接触事故	新幹線運行システム	
Door to Door	会場の待ち行列との干渉	専用タクシー乗り場	金斗雲ごとエレベータ移動
	乗降場所が高所	エレベーター	
定員容量確保		列車の連結	2人乗り金斗雲を連結して定員確保
キャラクターとの写真撮影		渋谷ハチ公前	乗降場所待合せ
	充電施設の混雑	オンライン電気自動車	非接触電力伝送
		トロリーバス	地下架線電磁誘導
		夜間充電	夜間充電
	金斗雲の待機場所	電車の車両基地	専用待機場所確保
		スカイサイクリングの待機方法	引込線に縦列駐車

> 候補案はできるだけ複数案を出してコンセプトに応じた重みづけDAで決定

　「渋滞しない」と「ドア・トゥ・ドアの要求機能」や、「接触事故を発生させない」と「会場の待ち行列との干渉回避」を解決する手段として、新幹線運行システムや専用タクシー乗り場、エレベータなどの類似技術から、金斗雲ごとエレベータに乗せて、会場付近の行列待ちと干渉しない場所まで自走する案が出てくる。

　定員容量確保については、列車の連結方式の類推から基本的に金斗雲は2人乗りで、連結して定員確保案が出てくる。キャラクターとの写真撮影では、渋谷ハチ公前の類似技術から乗降場所待合せの案が出てくる。

充電施設の混雑という想定課題に対しては、オンライン電気自動車やトロリーバス、夜間充電などが考えられ、走行路電力伝送や夜間充電が候補となる。金斗雲の待避場所については、電車の車両基地やスカイサイクリングの退避場所が参考になる。

まとめ

◇類似事象はグルーピングして共通標語をつけて、6つの本質特性の該当欄にマッピングしておく（類似法は実現手段出しに有効）。
◇7つの着眼点を活用した事例はグルーピングして見える化をする。
◇人間の6つの本質特性と7つの着眼点マトリックスを使い、アイデア出ししたいコンセプトを創出する。
◇上記マトリックスを使い、創出したコンセプトに付加機能をつける。
◇ユースケース図を用い、創出したコンセプトの要求機能・制約機能を明確化する。
◇分類別要求機能の親和化＋制約機能・想定課題について、類似法を活用してコンセプトの機能を実現する複数の手段を立案する。
◇創出したコンセプトに相応しい実現手段を決定する。

演習問題 ①

アイロンを題材にユースケース図を作成する

　アイロンの基本機能は、水分・圧力・温度を加えることで繊維を変形させ、①衣類のしわを伸ばす、②折り目をつける、③衣類を人体にフィットさせることである。利害関係があるものとして利用者、衣類、電源、架台、スチーム、コスト、重量を候補としてユースケース図を作成してみる。なお、"正解"と呼べるほど正式な答えはないので、まずは気軽に作成してみよう。一度経験しておくと、次回からはメモを作成するような感覚でユースケース図を作成できるはずだ。

演習問題 ②

世の中を見渡し、気づいた類似事象を6つの本質特性にグループ化してマッピングする

　最近の健康志向で特徴的なイベントをグルーピング化し、共通のラベルづけをしてみる。同様に最近感動した複数の事例などもグルーピング化できそうだし、マイ3Dプリンターなどは新たな形態の達成感かもしれない。まずは日常起きているさまざまな事例を思い描いて、類似事象のマッピングをしてみよう。

第2章

時代に即した製品開発を促すアイデア発想

　第1章のマトリックスを活用する手法は、顧客が望む新機能を製品に付加してヒット商品につなげることが可能である。モノづくり分野では基本要求機能は明白であるため、機能・属性分析を行って7つの着眼点の発想を使う方法と、システムにおける損失エネルギーが発生する根本原因を究明する手法は、時代に即した画期的な製品開発に有効である。

　前者の手法の有効性については、身近な家電製品を例に紹介する。また、既存比較対象の機能・属性分析を対比することで、変化点を明確にすることは他社と差別化する商品開発に有効である。自動車を対象として変化点分析する例を紹介する。

　後者の損失エネルギーが発生する根本原因を究明する手法は、燃費に対するニーズが極めて高い自動車関連分野で特に有効な手法であり、自動車などの省エネルギー新技術を創出する具体例をもとに紹介する。

2-1 7つの着眼点で機能・属性分析を行う

　自動車や家電製品などの分野では、第1章で紹介した人間の6つの本質特性と7つの着眼点マトリックスのようなツールを使い、ヒット製品を創出することが可能である。一方で、自動車や家電製品は必ず明確な基本機能を備えている。そこで、自動車や家電製品を構成する要素がどのような機能を分担し、各要素間はどのような物理量で関係づけられているかを明らかにする。これが機能・属性分析と呼ばれる行為である。

　機能・属性分析をひと言で表すと、システムを構成する各要素の果たす機能と、各要素間の物理的つながりを明確化した図になる。次に、機能・属性分析の構造について説明する。そのシステムの基本要求機能を達成するために必須の要素が、TRIZでも扱っているスーパーコンポーネントである。変更可能な要素であるが、現システムを構成するために使われている要素と差異がわかるように、スーパーコンポーネントは四角枠内に記入し、通常の要素（コンポーネント）はひし形の中に記入する。それぞれの要素が、システムの中で担っている機能すべてに吹き出しをつけて、箇条書きでみんなに理解できるように記入する。

　次にスーパーコンポーネントとコンポーネント間、または各要素間はどのような物理量で関連づけられているかを吹き出しに記入するとともに、その関連は一方向か双方向かがわかる矢印をつけて完成する。

▼目的意識を持たないと効果が少ない

　図2-1に機能・属性分析の概要を示す。この分析を行うことで、その製品がどのような構成で、それぞれの要素がどのような機能を果たし、要素間がどのような関係でつながっているか、一目瞭然で俯瞰することができる。ここから他社を凌駕する構造の新製品を創出するためには、第1章で紹介した7つの着眼点を活用することが有効である。ただし、漠然と7つの着眼点を活用しても効果は少ない。どのような製品改良をしたいかという強い目的意識を持った上で7つの着眼点を活用すると、

第2章 時代に即した製品開発を促すアイデア発想

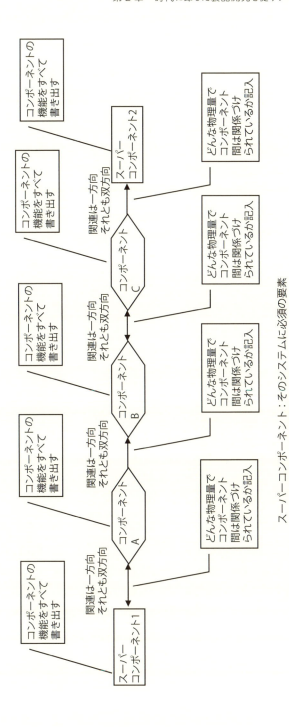

スーパーコンポーネント：そのシステムに必須の要素
コンポーネント：変更可能な要素

図2-1 機能・属性分析

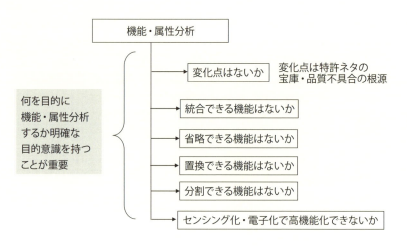

図2-2　機能・属性分析を7つの着眼点で行う理由

他社と差別化できる商品の創出がしやすくなる。

図2-2に7つの着眼点で機能・属性分析する概要を示す。上記でも述べたが、何を目的に機能・属性分析するか明確な目的意識を持たないと、機能・属性分析を行っても新しいアイデアは発想できないので、注意すべきである。

図2-3は、通常の電気掃除機について、機能・属性分析した例である。電気掃除機を構成する各要素がどのような機能をしているかを、その要素の欄外に赤字記入している。また、システムを構成する他の要素とはどのような関係でつながっているかを、矢印とともに黒字記入している。

次に7つの着眼点を使って、機能・属性分析の目的は何かを明確にする。たとえば統合してコンパクトにできないかとの視点で見ると、ごみ収納バックにフィルター機能を追加した紙パック方式のアイデアが出てくる。置換して吸引性能を大幅に改良できないかとの視点で見ると、送風機による真空引きに代えて、粉体分離機を応用したサイクロン方式のアイデアが出てくる。

省略して自由度を増やせないかとの視点で見れば、電源コード廃止（蓄電式）や取っ手式吸引パイプを廃止して自律掃除するルンバのようなア

第 2 章　時代に即した製品開発を促すアイデア発想

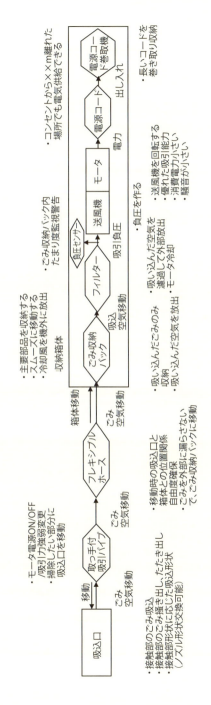

図 2-3　電気掃除機の機能・属性分析と創出アイデア事例

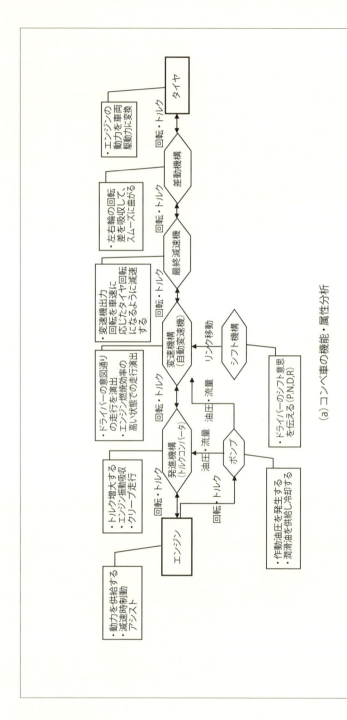

(a) コンベ車の機能・属性分析

第 2 章　時代に即した製品開発を促すアイデア発想

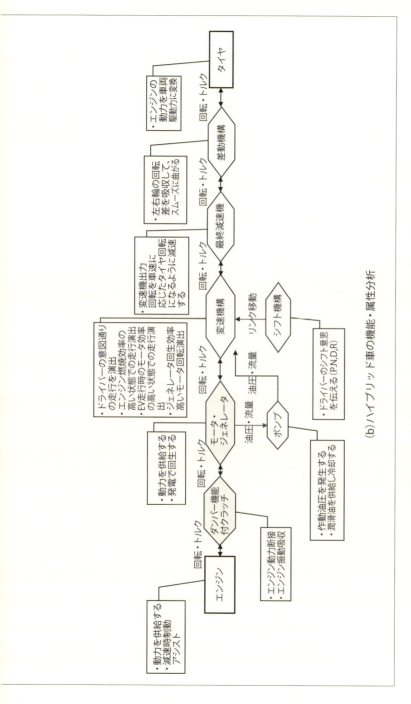

(b) ハイブリッド車の機能・属性分析

図 2-4　変化点の着眼点で機能・属性分析を行う例

イデアが出てくる。高機能化して他社製品にない機能を追加できないかとの視点で見れば、排気循環する低騒音タイプやフィルターに不織布と活性炭を加えて空気清浄機能を追加した電気掃除機のアイデアが出てくる。

このように分析の目的を共有化した上で機能・属性分析を行い、ブレーンストーミングすると、ユニークなアイデアの創出が期待できる。機能・属性分析の一覧表ができたら、目的意識とするテーマを設定してブレーンストーミングを行い、そのテーマに合致する新しいアイデア出しを行う。アイデアが出尽くしたら、別の目的意識をテーマにブレーンストーミングを行い、新しいアイデア出しを行うプロセスを繰り返すことを推奨する。

ブレーンストーミングの参加者についても、さまざまな分野の知見者が入ると、電気掃除機も構造に対する固定観念にとらわれない、画期的な構造を創出できる可能性がある。

▼変化点に着眼する

ここで、変化点に着眼して機能・属性分析を行う場合は、工夫が必要である。変化点を探すためには、作成した機能・属性分析以外に、比較対象とする機能・属性分析がないとできないためである。

図2-4は変化点の着眼点で機能・属性分析を行った具体例である。図2-4(a)はハイブリッド車の機能・属性分析結果である。比較対象をガソリンエンジン車（以下コンベ車と称す）とし、図2-4(a)がコンベ車の機能・属性分析結果である。

両方の機能・属性分析を比較してわかることは、ハイブリッド車では、コンベ車における発進要素（トルクコンバータ）が廃止され、モータ・ジェネレータが追加になっている。さらに、ハイブリッド車ではモータ単独走行(EV走行)もあるため、エンジンとモータ間の動力伝達を遮断、または締結を選択できる機能としてのクラッチと、トルクコンバータの1つの機能であるエンジン振動吸収を実現するためのダンパーが追加される。

モータ・ジェネレータは、エンジンとは別の動力源であるため、ポンプはエンジン以外に、このモータ・ジェネレータで駆動することが可能となる。このようにすれば、アイドリングストップでエンジンが停止状態でも、ポンプ駆動が可能で変速機用作動油圧は確保できる。

また、コンベ車における変速機構として自動変速機を採用したが、ハイブリッド車においては手動変速機で構成し、変速操作中にタイヤに動力が伝わらない不具合について、その間だけモータ動力がタイヤに伝達して補完できる。手動変速機の伝達効率は自動変速機の伝達効率より高く、ハイブリッド車の燃費向上効果への貢献が期待できる。

2-2 損失エネルギーの根本原因を追究して課題抽出

どんなシステムも、何らかのエネルギーを別のエネルギーに変換している。エンジン駆動の自動車なら、エンジントルク（T_e）とエンジン角速度（ω_e）の積で決まるエンジン出力（P）を、車両の駆動力（F）と車速（V）の積で決まるパワーに変換していると考える。

EVの場合であれば、モータがバッテリーの電圧（V）と電流（I）の積で決まる出力（P）を、車両の駆動力（F）と車速（V）の積で決まるパワーに変換していると考える。油圧ポンプ・モータシステムであれば、ポンプで発生する油圧（p）と流量（Q）の積で決まる出力（P）を、駆動力（F）と車速（V）または、ピストン移動速度（V）の積で決まるパワーに変換していると考えるのである。この考え方を示したものが表2-1である。

▼ロスが発生する本質課題をあぶり出す

世の中に永久機関が存在しないということは、エネルギーを変換する場合に、必ずロスが発生することに注目するのである。図2-5は、ガソリンエンジンの出力変換効率の推移を示したものである。ガソリンの

表 2-1 各種エネルギー源出力と仕事率との関係

エンジン→駆動力の場合は　$P(kW) = T_e \times \omega_e = F \times V$

モータ→駆動力の場合は　$P(kW) = V \times I = F \times V$

油圧→駆動力の場合は　$P(kW) = p \times Q = F \times V$

T_e：エンジントルク　　ω_e：エンジン回転各速度
V：電圧　I：電流
p：油圧　Q：流量
F：駆動力
V：車速またはピストン移動速度

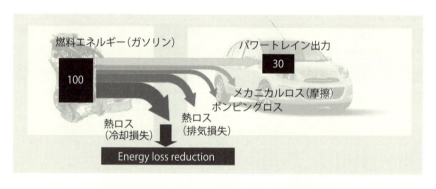

図 2-5 ガソリンエンジンの出力変換効率

エネルギーを100としても、車両の駆動部では30しかエネルギー変換できない。残りの70は何らかのロスとなって、発熱や音になって無駄に消費しているのである。

どの部分でどれだけのロスが発生しているかに関して徹底的に分析し、ロスが発生する本質課題をあぶり出すのが、本節の損失エネルギーの根本原因を追究することで、従来の構造とは異なる本質的に改善された構造を創出するのである。さらに近年の自動車分野においては、減速

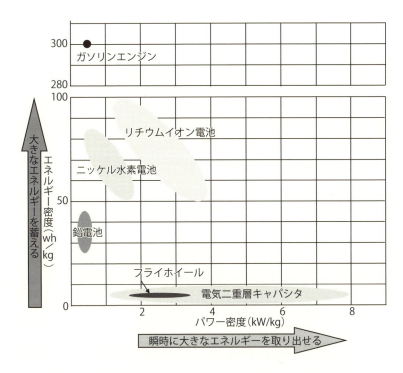

図 2-6　各種エネルギー源のエネルギー密度・出力密度比較

走行時の運動エネルギーを回生して省燃費に貢献する技術開発が活発化している。どのような回生デバイスを選択することが、システムとして最適かを判断するために、各種エネルギー源のパワー密度（kW/kg）と、エネルギー密度（Wh/kg）について理解することが重要である。

フライホイールやキャパシタなどは、出力密度は高いがエネルギー密度は低い。一方、リチウムイオン電池は、パワー密度とエネルギー密度とも比較的大きいので、電気自動車に採用されている。しかし、現時点ではガソリンエンジンのエネルギー密度は、リチウムイオン電池の3倍以上ある。このことは、ガソリンエンジンの方が電気自動車より航続距離が3倍以上あることと等価である。

図 2-6 は各種エネルギー源のエネルギー密度・パワー密度を比較したマップである。このような知識があると、各種エネルギー源を適材適

所で使い分けることができる。

▼効果的なポンプ駆動システム

図2-7は油圧ポンプのエネルギーロスの本質課題を見つける事例である。この例は、モータ駆動ポンプで発生した油圧エネルギーを使って、ピストンシリンダー上の負荷を移動する仕事に変換する例である。

図2-7上図のように負荷の移動速度Vが発生している場合のエネルギー変換効率は、モータ効率と油圧ポンプ効率の積で約80%程度である。ところが図2-7下図のようにピストンがシリンダーの上死点に突き当たる状態では、負荷にとって静止状態を維持するためにピストンシリンダー室油圧pは必要だが、速度は$V=0$でよいはずである。

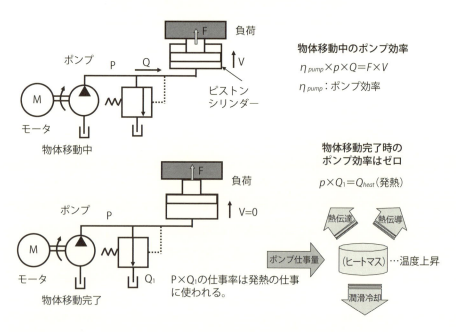

図2-7 油圧ポンプのエネルギーロスの本質

しかし、このような状態でもモータは回転し続けて、ポンプ吐出量 Q_1 を吐出し続けるため、ポンプ発生出力 pQ_1 は無駄に発熱となって各部が温度上昇するだけになる。なぜ、このようなことが起きているのか考えてみる。

その原因は、ポンプは回転しないと油圧を発生できないことである。このことに気がつけば、ポンプで発生した油圧エネルギーをアキュムレータで蓄積して、アキュムレータで蓄積した油圧エネルギーを放出して負荷仕事をさせ、アキュムレータ蓄積エネルギーが少なくなってきたときだけモータでポンプ駆動させるシステムが、省エネルギーの観点で有効であることに気がつく。

図2-8が省エネルギーポンプシステムの油圧回路である。蓄圧用アキュムレータとピストンシリンダー油圧 p を一定に保つ調圧弁を追加することで、上記の機能を満たすことができる。

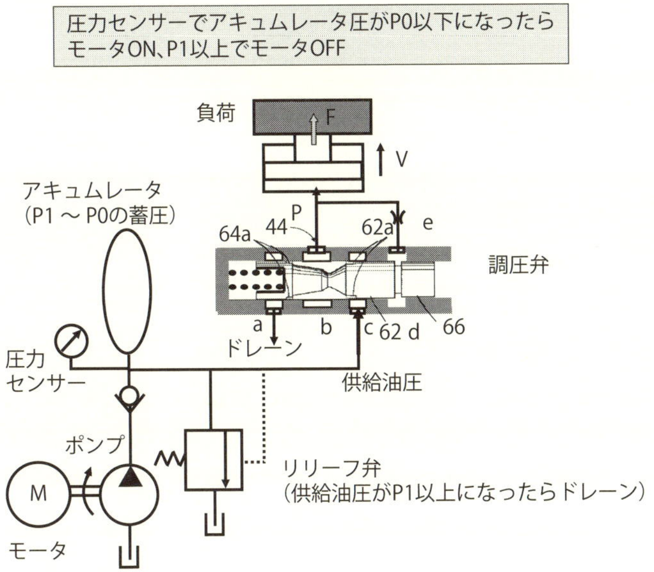

図2-8 省エネルギーポンプシステムの油圧回路

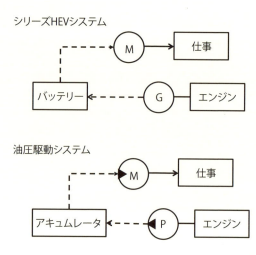

図2-9　ハイブリッドシステムと油圧回生システムの構成比較

表2-2　バッテリーとアキュムレータの機能比較

	エネルギー蓄積	仕事
バッテリー	○	×
アキュムレータ	○	○

　図2-9は、エンジンで発電しモータで駆動するシリーズハイブリッドシステムと、油圧ポンプ・モータを用いた駆動システムの構成を比較した例である。シリーズハイブリッドシステムの場合は、エンジンで発電機を回して、発生する電気をバッテリーでためて、バッテリーにたまった電気でモータを駆動して走行する。油圧駆動システムの場合は、エンジンでポンプを駆動し、発生した油圧をアキュムレータで蓄積し、蓄積された油圧で、油圧モータを駆動して走行する。ここで、バッテリーとアキュムレータの機能を比較してみよう。

　表2-2はエネルギーの蓄積と仕事について、両者を比較したものである。バッテリー、アキュムレータともエネルギーの蓄積は可能である

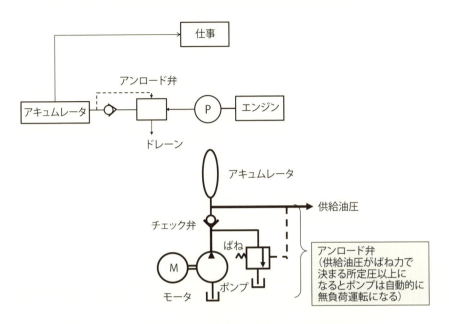

図2-10　アキュムレータの特性を活かした油圧駆動システム

が、バッテリー単体では仕事を行えない。仕事をするためにはモータが必須で、バッテリーはモータに電気を供給する機能をするだけである。

　一方、アキュムレータは、ためた油圧エネルギーを放出すれば仕事を行える機能も備えている。

　この利点を活かせば、**図2-10**のような油圧駆動システムが考えられる。エンジンで駆動されるポンプで発生した油圧は、アキュムレータに蓄積するとともにアキュムレータを圧縮して発生する油圧を放出し、仕事を行う。油圧ポンプの供給仕事能力が必要な消費仕事量を上回る場合は、アキュムレータ圧が設定圧以上になる。すると、アンロード弁によりポンプ吐出ポートがチェック弁の下流側にあるため、ポンプ吐出圧は直接ドレーン回路と接続され、ポンプは無負荷運転となる。

　図2-11は従来のポンプシステムと、今回提案するアキュムレータ活用油圧システムのエネルギーロスを、比較したものである。従来のポン

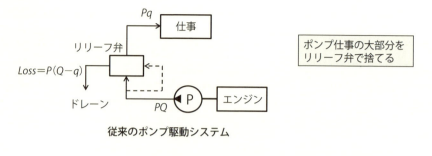

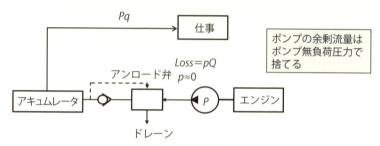

図 2-11　従来のポンプシステムとアキューム活用システム比較

プシステムでは、エンジンで駆動されるポンプは、仕事に必要な油圧 p とエンジン回転数で決まる吐出流量 Q を発生し、実際に仕事で流量 q が消費され、残りの仕事率 $P(Q-q)$ は、リリーフ弁から無駄に捨てられる。

　一方、アキュムレータを活用するポンプ駆動システムにおいては、アキュムレータの蓄圧圧力が P 以上になったら、ポンプ吐出圧はドレーンされるアンロード弁が開くため、この状態におけるエンジンのポンプ仕事は無負荷運転状態で、ほぼゼロとなる。したがってアキュムレータを活用したポンプ駆動システムでは、常に仕事に必要な仕事率 Pq だけのポンプ仕事をするのみのため、省エネルギー化が可能である。

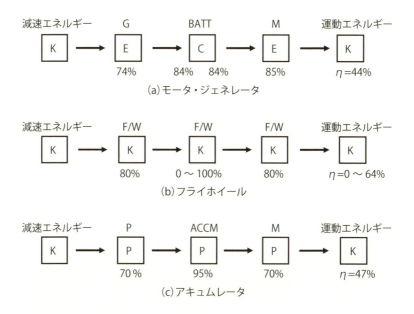

図2-12 各種エネルギー回生システムのエネルギー変換効率比較

▼制動時のエネルギー回生方法

近年、自動車の燃費に対するニーズは極めて高い。車両が減速する際、従来のようにブレーキで制動するだけではなく、車両減速時の運動エネルギーをさまざまなエネルギーとして回生し、燃費を向上させる動きが活発化している。**図2-12**は、車両の減速エネルギーを各種エネルギー変換機構で回生・放出した場合の、トータルの効率を比較したものである。

図2-12(a)は、モータ・ジェネレータで減速時の運動エネルギーを電気で回生し、それをバッテリーに蓄積し、走行時に再びバッテリーからの電気でモータを力行して車両走行時の運動エネルギーに変換する例である。各工程のエネルギー変換効率を勘案すると、トータルの変換効率は44%程度になる。

図2-12(b)は、車両の減速エネルギーをフライホイールの運動エネルギーに変換し、車両走行時に運動エネルギーを放出する方式である。エ

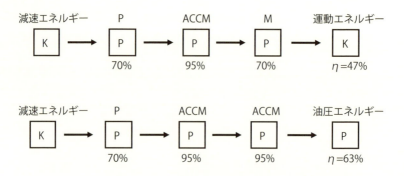

図2-13 アキュムレータの放出形態の違いと効率の関係

ネルギー変換の形態が運動エネルギーのみであるので、エネルギー変換効率は極めて高く、最大64%となる。

ただし、1つ欠点がある。フライホイールで回生した運動エネルギーを直ちに車両走行として使う場合のみ、エネルギー変換効率が64%になる。運動エネルギーを放出する機会がなければ、フライホイールはフリーランしているだけで、長時間放置するとフライホイール回転速度は摩擦により徐々に低下し、最終的にはゼロとなる。この場合のエネルギー変換効率は0%である。

図2-12(c)は、アキュムレータで車両の減速エネルギーが油圧ポンプを介して油圧エネルギーに変換し、車両走行時に油圧モータを使って運動エネルギーに変換する方式である。トータルのエネルギー変換効率は47%程度となる。

図2-13はアキュムレータの蓄圧エネルギーを、運動エネルギーに変換した場合のエネルギー変換効率と、油圧エネルギーに変換した場合のエネルギー変換効率を比較したものである。前者が47%であるのに対して、後者は63%と大幅に効率は向上する。ここに着目して、アキュムレータで蓄積した油圧を、ポンプ仕事のアシストに活用することが考えられる。

自動車用自動変速や無段変速機は、エンジンで駆動されるポンプで発

第 2 章　時代に即した製品開発を促すアイデア発想

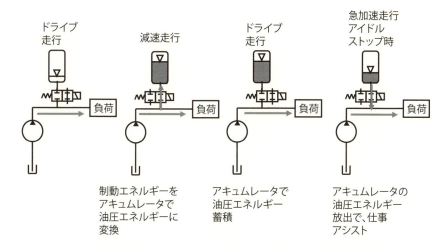

図 2-14　各走行シーンごとのアキュムレータ作動状態

生する油圧を使って変速を行うため、急加速時にはポンプ負荷が非常に大きくなる。こうした場面でアキュムレータの蓄圧した油圧を放出すれば、エンジンのポンプ負荷が軽減されて、燃費向上に貢献する。

なお、アイドリングストップ中はエンジン停止し、ポンプは油圧を発生することができない。したがって、エンジン再始動した瞬間は変速機に油圧が供給されず、エンジン動力のタイヤ伝達が遅れる。このような局面でも、アキュムレータの蓄圧した油圧を放出することは有効である。

図 2-14 は、各走行シーンでのアキュムレータによる油圧の蓄圧・放出状態を示したものである。通常のドライブ状態では、電磁切換弁をOFF にして、ポンプ吐出圧油路と、アキュムレータの連通を遮断する。下り坂の減速走行時やブレーキを踏まれた減速走行時は、ポンプ吐出圧を通常状態より高圧に設定して電磁切換弁を ON にし、ポンプ吐出油路とアキュムレータを連通することでアキュムレータに高圧を蓄圧できる。

蓄圧が完了したら電磁切換弁を再び OFF 状態にする。そして、急加速走行やアイドリングストップ後のエンジン再始動時には電磁切換弁を

59

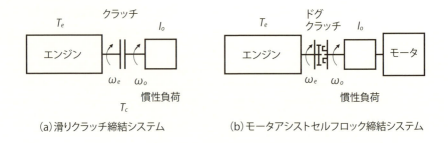

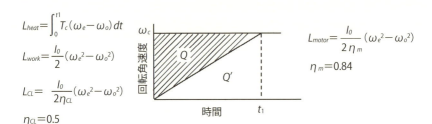

図 2-15　クラッチ締結システムの効率比較

ON にして、アキュムレータの蓄圧を放出する。比較的低コストで、エネルギー変換効率の高い回生システムと言える。

▼クラッチ締結時の発熱ロス

最後に、クラッチ締結時の発熱ロスについて考えてみる。図 2-15 は 2 種類のクラッチ締結システムを示したものである。図 2-15(a)は、滑りを許容するクラッチにクラッチトルク T_c を加え、入出力回転角速度差 $\omega_o - \omega_e$ を徐々に少なくして完全締結する方式である。したがってクラッチ締結過程では、入出力回転差に起因する発熱が発生する。

わかりやすくするため、クラッチ締結中の入力角速度 ω_e は一定でクラッチトルク T_c も一定と仮定すると、負荷（慣性モーメント I_o）の角速度を ω_o から ω_e に引き上げる仕事（L_{work}）とクラッチ発熱（L_{heat}）は等しくなる。すなわち、クラッチ締結における効率（η_{CL}）は 0.5 である。

しかも締結完了後もクラッチには、絶えず締結トルクを与え続ける必要がある。

図2-15(b)はクラッチ機構として、すべりをほとんど許容しない手動変速機のシンクロや、ドグクラッチで回転差のある負荷を締結する場合に相当する。この方式で瞬時に締結すると、力積＝運動量変化の関係で大きなトルクがクラッチに入力し、耐え難いショックが発生する。しかし、締結完了後は外部からのエネルギーを供給しなくても、セルフロック機能で締結を維持できる。

そこで、図2-15(b)では負荷側にモータを接続し、クラッチ締結前にモータで負荷の回転角速度をω_oからω_eまで引き上げる仕事をした後、セルフロッククラッチを締結する。通常、モータの効率η_mは84％程度で、モータ仕事（L_m）は前述のクラッチ仕事（L_{CL}）より省エネルギーであることがわかる。さらに、締結後はシンクロやドグクラッチのセルフロック機能が活用できるため、モータ動力はゼロにできる。

まとめ

◇システムについて機能・属性分析を行い、7つの着眼点を使うことでどのような新機能が創出可能となるか考える。
◇変化点の着眼点で機能・属性分析を行う場合は、比較対象用の機能・属性分析を追加することで変化点をあぶり出す。変化点が明確化されると、新機構を創出しやすくなる。
◇動力を使って仕事をさせる場合、必ずロスが発生するため、常にエネルギー変換効率に着目してシステムを見る習慣をつける。
◇システムの中で変換効率の悪い本質課題を見つける。
◇現状の構造にとらわれることなく、本質的な変換効率を改善する方策を見つける。

演習問題 ❸

アイロンの機能・属性分析を行い新しいアイデアを創出する

　アイロンはベース本体が洗濯物に接触し、しわ伸ばし機能を発揮する。ベース本体に熱を加える必要があるため、ベースはヒーターで加熱される。洗濯物の繊維の種類によって適温があるため、温調制御器は必須で、設定温度を調節するスイッチも不可欠である。

　把持部はベース本体を自由に移動できる機能を有している。さらに、スチーム付アイロンであれば水タンクを備え、滴下制御器が必要である。このほか、電源コードとコンセントおよび一時的に立てかけるアイロン架台が構成要素となる。このようなアイロンの構成要素を念頭に機能・属性分析を行い、7つの着眼点からアイロンに関する新アイデアを創出しよう。

演習問題 ❹

損失エネルギーの根本原因を追究して省エネタイプのアイロンを考案する

　アイロンは、ベースが洗濯物に接触するときにのみ有効仕事をして、保温状態ではまったく有効仕事をしていない。なぜ保温状態が必要か、損失エネルギーの根本原因を追究することで、新しい省エネルギータイプのアイロンを考案してみよう。

第 **3** 章

アイデア具現化のための専門知を増やすコツ

　アイデア出しの際に、理解した知識を自由に応用できる専門知として定着させる有効な手段は、PowerPoint を使った「知識の見える化」と「ワンポイントレッスン」である。本章では具体例を用いて手法を理解してもらうのと同時に、これらを実施する際のコツを伝授する。そして、専門知を効率的に増やす手法が、他所の知恵を活用することである。他所の知恵を活用する方策はさまざまあり、これも具体例を挙げて紹介する。

　また、本章末では課題や根本問題をテーマとして、原因について「なぜなぜ?」を繰り返す結果・原因分析を行い、根本原因を特定して、それと密接な用語を洗い出すキーワード検索の手法を紹介する。近年は、簡単に情報を入手できる環境にあり、課題や根本課題が設定されればこの手法は有効で、必要とする専門知を効率的に入手できる。

3-1 専門知を増やす心構え

　アイデアは料理と同じようなもの、と私は考えている。すなわち、美味しい料理をつくるには、豊富な食材・調味料と上手な調理方法がセットで必要である。アイデアの場合、食材・調味料に当たるのが知識であり、調理法はアイデア発想法となる。豊富な知識とアイデア発想法が揃って、初めて良いアイデアが生まれるのである。そんなアイデア出しに役立つ知識（これを専門知と称する）を増やすためには、以下の心構えが求められる。

▼知りたいという欲求を持つこと

　アイデアを創出する際に、役立つ専門知を増やす必要条件として、好奇心と向上心が挙げられる。とりわけ好奇心は重要である。ダイソンの羽根のない扇風機を見て「不思議…」と思っても、それ以上に好奇心を示さない人と、なぜ羽根がないのに大量の空気が送れるか、メカニズムはどうなっているのかと好奇心を示し、機構に関する情報を収集する人とでは、知識の量は格段に差がつく。

　ここで注意したいのは、メカニズムを理解して満足するだけでは、専門知にはなり得ないことだ。それでは、単なる博学者になっただけである。そのメカニズムが他所にも応用できそうだと、アイデア出しの際にひらめくようになって初めて専門知になる。

　いずれにしても、好奇心は専門知を増やすための必要条件である。そして、好奇心を常に持つためのモチベーションが向上心である。「これ以上知識は必要ない」と考えている人に好奇心は生まれない。もっともっと知識を増やしてプロフェッショナルになりたい、との欲求を常に持つことは大事である。

　私が推奨するPowerPointによる知識の見える化は、一度経験すると、新しい知識を理解したと思うたびに継続して作成する習慣が備わる。そして、マスターした知識を周囲に伝授するワンポイントレッスンを進め

ようとすると、極力理解してもらいたいため走り書きのようなメモではなく、図を多用したりわかりやすい原理を考えたりするようになる。ワンポイントレッスンにより、まわりの人が理解してくれると達成感も得られ、知識の見える化をさらに推進する力が生まれる。

▼知識の本質を理解する

　知識を増やそうと多くの専門書を読んで得た知識は、正しく身についた知識とは言えない。専門書を読むこと自体が受動的行為であるため、式を導き出す仮定などを十分理解せずとも、書かれていることを一方的に受け入れて結果だけを暗記すれば、何となく理解した気になりがちである。こうした曖昧な知識は、独創的なアイデアを出す際にはまったく役立たない。

　各種便覧は、関連するすべての知識をコンパクトにまとめた書籍で、設計する際には大変重宝する。これは設計行為が既存技術の改良であるため、読む本人はどの知識が必要か明確にわかっている。したがって、その知識なら便覧のどこを見ればよいかが判断でき、各種便覧に掲載されている知識が役に立つのである。

　一方、独創的なアイデアを発想する場合は、書棚にあらゆるジャンルの便覧を揃えていてもまったく役に立たない。これは、どの知識が必要か特定できないことが理由だ。必要な知識が特定されて、初めて便覧に書かれている知識は役に立つ。したがって、知識を理解する場合で重要なことは、なぜ自分は今この知識を理解したいと思っているか自問自答することである。

　その知識がないと仕事が一歩も進まない、あるいはこの知識はきっと役に立ちそうなど、自分の意識がその知識に特化されていることが先決である。このように目的意識が明確であれば、その知識を曖昧な理解で済ませることはない。原理・原則まで遡って理解することになる。こうしてマスターした知識こそ、独創的なアイデア出しに役立つ。

▼専門知識の奥行きと幅を広げる

　特定の専門知識を増やすことも重要だが、周辺分野の知識を吸収する姿勢も大事にしたい。所詮、自分の出せるアイデアは、自分の知っている知識の組合せ以上はあり得ない。知識が特定分野に偏ると、それだけ知識の組合せの幅が限られたものとなる。同業他社の同様職種で同一キャリアの人の専門知識は、自分とそれほど差があるとは思えない。したがって、自身のアイデアは同業他社の人も同様に考えていると見て間違いない。「素晴らしい」と思って特許出願すると、すでに同業他社から出願されていたという話はいくらでもある。

　なぜ、こうしたことが起こるか考えてみると、それは、各社とも目標がほぼ同一だからである。目標が同じなら、その目標を達成する手段が似てくるのは必然と言える。他社と差別化するアイデアを出すためには、システムや開発対象を一方的な視点で眺めるだけでなく、別角度から思考できるような柔軟性が欠かせない。

　1つの視点で眺めることは、他社と同一視点でシステムや開発対象を見ていることになり、差別化は図りにくい。システムや開発対象を複眼思考で見られるようになるためには、業務で必要な専門知識以外の役立ちそうな専門知を豊富に備えることが有効である。このような知識を備えると、従来はシステムや開発対象を一方的に決めつけた視点でしか見られなかったものが、別の視点で見られるようになる。その結果、他社と差別化したアイデアが発想できる。

　入社以来、特定分野の仕事しか経験していない人は要注意である。特定分野の知識があれば日常業務は十分こなせ、他分野の知識を増やす必要がない。それよりも、マネジメント能力を磨いた方が出世の近道と考え、そちらに傾注する人が多い。しかし、これからの企業に求められる人財は、斬新なアイデアを提案できる能力が不可欠である。マネジメント能力しか取り柄のない人は、定年とともに企業から面倒を見てもらえなくなる。一方、常に魅力的なアイデアを提案し続けられる人は、定年後も企業は手放さない。知識の奥行きと幅を広げる心構えが大切である。

▼ストックした知識を上手に整理する

　ストックした知識は、箪笥に入っている衣類のようなものである。衣類を箪笥の引き出しにゴチャゴチャに入れていたのでは、必要なものがなかなか引き出せない。家庭では衣類を分類して、それぞれどの引き出しに何を入れるか決めているだろう。それと同様に、知識も自分に合った分類を行い、フォルダ別にパソコンに保管することが重要である。

　フォルダ別に保管する知識にしても、走り書きのメモで分類すると、保管直後には覚えていても後に意味不明となるのでは役に立たない。そこで、後述するPowerPointによる知識の見える化を行い、専門知とした知識を保管することが重要である。

　知識がどんどん増えてくると、従来の分類ではすぐに引き出せなくなる。こまめに知識の分類を工夫する心構えが大切である。ちょうど春夏用衣料と秋冬用衣料で最初に分類して、春夏のシーズンには秋冬用衣料は別の収納ケースにしまい、箪笥の引き出しには春夏衣料だけをしまうような工夫である。このようにすれば、着たい衣料は容易に引き出せる。

▼専門知を定着する手法

　上手に知識を増やし、専門知として定着するためには、図3-1に示すような6つのステップを習慣化する。

　〇STEP1

　その知識はなぜ必要か、どう具体化されているかを自問自答する。知識の必要性が明確化されていて、内容の焦点が絞られていることが知識を増やす必要条件である。

　〇STEP2

　知りたい知識に関連する情報を集める。近年、情報インフラは高度に発達し、さまざまな手段を通じて容易に情報入手が可能である。むしろ収集した情報の中で、どれが役に立つか選別する方が難しいほどである。

　STEP1で知りたい知識が明確化されていないと、情報を集めることで知識が増えたと錯覚したり、役立つ情報の選択ができないためせっかく集めた情報も宝の持ち腐れに終わったりすることが多い。

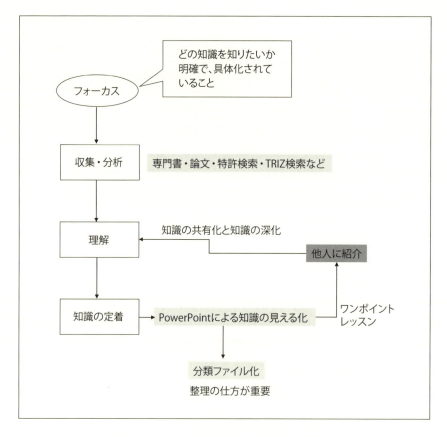

図3-1　上手に知識を増やす6つのSTEP

○STEP3
　役立つと思って収集した情報に関して徹底的に理解する。この段階では、ひたすら努力する以外にない。本人の知識レベルに応じて、より初歩的な知識まで遡って理解しなければならない場合もある。時間がかかることも考えられるが、それを乗り越えるべきである。

○STEP4
　STEP3で理解した知識を定着させることがここでの目的である。知識を定着させるためには、次節で詳述するPowerPointによる知識の見える化とワンポイントレッスンが有効である。

○STEP5

知識の見える化をしたPowerPointを用い、周囲にワンポイントレッスンを行い、十分理解してもらえた知識は本物である。もし、理解度が低ければ再度知識の洗い出しを行い、ワンポイントレッスンを繰り返す。

○STEP6

ようやく本物になった、見える化された知識については、分類フォルダ別に格納して整理することが最後の段階である。上手な整理法についてはこの後、詳細に説明する。

3-2 PowerPointによる知識の見える化とワンポイントレッスン

▼PowerPointによる知識の見える化

図3-2は知識の見える化の具体例として、ピタゴラスの定理を扱ったケースである。このくらい有名な定理ならすぐに覚えられ、知識の見える化は必要ないかもしれないが、自ら証明を行うと知識は深化する。

証明の方法はいくつかあるが、この例は三角形の面積の集合＝台形の面積で証明したものである。知識の見える化では、公式の導き出しや公式の証明を行う部分も見える化をするのが特徴である。次に、知識の見える化を進める場合のテクニックを述べる。

(1) 似たものの集合を見える化

セブンイレブンのロゴマークは、最後のnだけが小文字であることを知っている人は何人いるだろうか。ローソンやファミリーマートなど他のコンビニエントストアのロゴマークも、1枚のPowerPointで同時に見える化をすれば、類似の知識をいっぺんに習得できる。したがって、類似の知識を集合化する工夫を勧めたい。

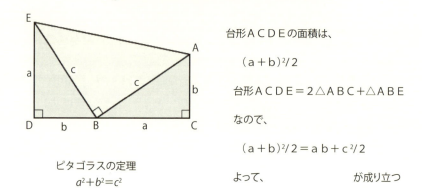

図 3-2　知識の見える化の例

(2) 図を使って見える化

　図は大変便利なツールで、文章や式などの記述で記憶させるより、視覚に訴えられる分記憶に残りやすい。図を使って見える化をする場合、対象物と類似のメカニズムを活用した例も併記すると、より理解が深まる。さらには、メカニズムについて極端にシンプル化したモデルまで簡素化できれば、知識を身近に感じやすくなる。知識を極力図解して、身近に感じやすい工夫をすると理解が深化する。

(3) 式で導くプロセスも一緒に見える化

　教科書に書いてある公式を漫然と眺めて、結果だけを暗記する方法は極めて危険である。ただ暗記しているだけなので、時間とともにその知識は曖昧になる。自ら式を解いて結果を導くと、その公式を腑に落とす（得心する）ことができる。このプロセスが、暗記しただけの公式と大きな相違となる。

　暗記で得た知識は、試験勉強の際には有効でも実務でほとんど役に立たない。なぜなら、試験は教えた知識を覚えているか判定するもので、暗記した人は必ず報われる。しかし、実務は試験と違い、自分の所有する知識の中からどの知識が役立つか本人が選択しなければならない。そ

して、本人は得心した知識だけが専門知であり、アイデア出しに活用できる。暗記しただけの知識は原理原則が二の次になり、曖昧な知識のためアイデア出しに活用しても自信が持てず、決心できない例が多い。

(4) わかりやすい具体例を添付して見える化

その知識が使われている具体例を添付する。それも複数の事例をまとめて見える化にすると、アイデアを出すときに具体例が思い浮かぶため活用されやすい。

(5) 複雑な機構は原理モデルとセットで見える化

複雑な機構は、図や写真を使って見える化をしても理解しづらい。そこで、単純化した原理モデルで補足説明すると理解しやすくなる。知識の深化が進むほど、わかりやすい原理モデルをつくれるようになる。そこでワンポイントレッスンを繰り返し、素人でも理解できる原理モデルを作成しよう。それが、複雑な機構をマスターした証にもなる。

(6) 核となる部分を切り取って見える化

新技術の発表会や展示会に参加し、カタログや論文をまるごとPDFファイル化したり、膨大な展示品の写真をファイルした報告書を作成したりする人がいるが、送られてきた方は正直迷惑である。新技術の核心について解析が行われていないことが理由だ。送られた側は、新技術のどこがユニークで革新的かを知りたいわけである。漠然とした知識の集まりは、単なる思い出アルバムにしかならない。

▼ **ワンポイントレッスンで専門知に定着**

ワンポイントレッスンでの注意事項は、便覧や専門書から抜粋した資料を使って説明するものとは違う点である。これだと普通の講義と同じになってしまう。心がけることは、その知識が実務にどう役立っているかを理解してもらうことで、手づくりの資料に基づいて極力3分以内で紹介するのがよい。聞く方も共感できれば、役立つ知識を共有できるし、説明した側も知識の深化ができて一石二鳥と言える。

3分以内としたのは、聞く側の時間を拘束していることを踏まえ、節度が必要との意図である。ダラダラ続けて共感されなければ、聞く方は

> ベルヌーイの定理をよく理解する

$\frac{1}{2}mv^2 + mgz + p\frac{m}{\rho} = const$

$\frac{1}{2}\rho v^2 + \rho gz + p = const$

位置エネルギーの変化が無視できる場合

$\frac{1}{2}\rho v^2 + p = const$

動圧＋静圧＝全圧

ポンチ絵やグラフ（原理モデル）をつけて説明すると効果的

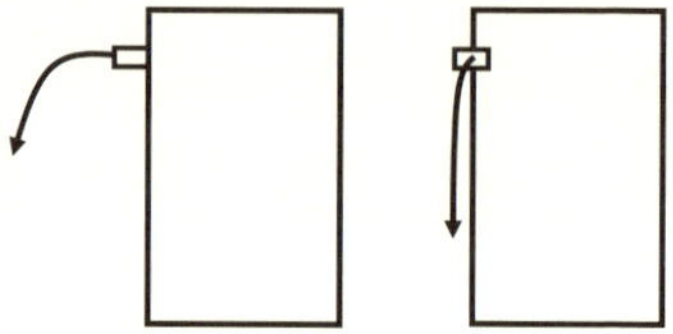

ノズルあり　　ノズルなし

図3-3　ワンポイントレッスンの例

ムダな時間の浪費にしかならない。

　図3-3はワンポイントレッスンの一例で、高校物理で習うベルヌーイの定理である。ワンポイントレッスンで重要なことは、公式を説明することではなく、この定理が実務のどんなシーンで役立つかを知ってもらうことである。

　ベルヌーイの定理では、圧力に動圧と静圧の2種類があることを理解してもらうことが重要である。図3-3右下のポンチ絵は、しょうゆ瓶の例である。出口にノズルがある場合と、ない場合を示している。

　ノズルがあればお皿にしょうゆを注げるが、なければ、しょうゆはしょうゆ瓶の外筒を伝わり、垂れるだけでお皿には注げない。ノズルがあるから動圧がつくれてお皿に注げ、ノズルがないと静圧のみで垂れるのである。このような身近な例をつけて、ワンポイントレッスンすると理解されやすい。

　次に、ワンポイントレッスンのテクニックについて述べる。
　〇役立つと思われる知識が、至るところで使われている様子を紹介して自慢する

○実務で使っている知識を、わかりやすい図や式を使って説明して自慢する
○実務で使われる便利な機構について、わかりやすい原理モデルを使い説明して自慢する
○実務で抱えている課題を、こんな専門技術を適用してブレークスルーしたと得意気に自慢する

これ以外のテクニックもあると思うが、マスターした知識（専門知）がいかに実務に役立つかを、仲間に共感してもらうことがワンポイントレッスンの真髄である。

3-3 上手に知識を整理する

　私たちの実務において、大学で習う専門的な基礎知識は大変重要である。問題は、そうした知識が実務にどう使われているかについて、書かれた教科書がほとんどないことである。演習問題として取り上げられているものは、極めて単純な事例に対し、基礎知識を適用すれば明快な解答が出るものばかりである。本書の各章末で取り上げている演習問題を見ていただくとわかるように、どの問題にも決まった正解はない。本書の演習問題は、とにかく自ら思考することを狙ったものである。

▼専門知の整理へのアプローチ

　実務で扱う知識は、はるかに複雑な事例がほとんどである。そんな複雑な対象物でも、「この部分にはこれが適用できる」「これとこれを組み合わせると辻褄が合う」など、専門的な基礎知識と実務を結びつけるような整理の仕方がカギを握る。
　そうなると専門的な基礎知識は、たとえば従来の機械力学や電磁気学、振動論など専門書のような分類とは違ったものになる。単純な振動論では解決できないが、油圧工学や制御工学、トライボロジーの専門知識も

複合した振動論の知識を使い、解決した事例の方が実務でははるかに多い。このような体験に基づいた、役立つ専門知の整理方法を行うことが重要である。

　アイデアを出すためには上記の専門知以外に、"常套手段"のような知識が必要である。私は自動車の駆動部機構の開発に長年従事してきたため、小さな力で大きな力が出せる機構や省エネルギーで動力を伝達できる機構などが、私にとって常套手段の知識に該当する。これらの知識も、分類別に整理することが重要である。また、知識はどんどん増えるため、分類をこまめにメンテナンスすることも忘れてはいけない。

　私が行ってきた分類例を、参考まで以下に紹介する。専門が異なると当然、分類内容が違ってくると思うが、要は本人にとってストックした知識が、実務に役立ちやすくなるよう分類することである。

▼専門知識の分類

(1) エネルギー論

　エネルギー源が内燃機関であったり、電気モータであったり油圧ポンプ・モータであっても、入力と出力間は効率でつながっている。従来の専門書では、機械力学や熱力学、電磁気学、油圧工学に分類されることが多い。しかし、それぞれの専門知識を効率という観点で見た場合、同列で分類整理した方が実務に役立つと思われる。

(2) 役立つトライボロジー

　機械系が絡む実務では、摩耗や焼付き、摩擦ロスなどの問題に常に遭遇する。一方、トライボロジーという学問はあるが、万物に適用可能な万能理論はほとんどなく、経験的なものが非常に多い。そのため、各企業がノウハウとして蓄積しているトライボロジー知識の方が、実務に役立つことが多い。軸受などはその典型である。

　したがって、ここで分類されるトライボロジーは、学術的基礎理論と実務で経験して得られたトライボロジーに関する知識を融合したり、補完したりする形で整理している。

(3) 知りたい油圧工学

不二越から出版されている「知りたい油圧（基礎・応用編）」は大変参考になる。建機メーカーの視点で書かれた油圧に関する知識であるため、実務に直結するところが多い。ただし、この知識は建機特有の要素機器を対象としており、対象とする油圧レベルは非常に高圧である（通常 30MPa）。したがって、自動車関連メーカーのように低圧が対象の場合は、同書に書かれていない知識も有用である。

近年の油圧制御はほとんどが電子制御で、制御工学の知識もこの中に含まれている。さらに、油圧制御で常に課題となるのが油圧振動で、振動論に関わる知識もこの中に関連づけした状態で含めている。

(4) 身近な材料力学

近年は CAE が発達し、3次元 CAD 図面があれば、どの部分に応力が集中するかは一目瞭然である。しかし、重量を極力増加させず応力集中を回避するアイデアを出すためには、材料力学の知識が重要である。形状・寸法など応力感度の知識も不可欠で、破損や座屈など失敗例があれば同じ過ちを防ぎ、失敗の本質原因と対策のためにもこの中に入れるとよい。

▼アイデア出しの常套手段

次に、アイデア出しの際に頻繁に活用する常套手段については、以下のような分類で整理している。

(1) 省エネルギー機構

この中には梃子の原理やねじ機構、蓄圧機構などの知識が該当する。詳細は次章で述べる。

(2) 可変機構

駆動系の仕事に携わっている関係で、世の中に実在する変速機構を分類して整理している。可変機構の代表例に無段変速機がある。現在、自動車用無段変速機として製品化されているものは数種類しかないが、町の発明家からさまざまなタイプのものについて問合せを受けることがある。原理的に成立していたとしても、120kW のエンジン動力を伝達す

るとなると、強度面や伝達効率面で著しく劣るものがほとんどである。

(3) **クラッチ機構**

　駆動系では動力の断接用に、クラッチ・ブレーキ機構が必ず使われる。したがって、新規のクラッチ・ブレーキ機構を常に注視している。近年は電動化の動きが加速し、電動化に有利で省エネタイプのものは極力知識の見える化を進めている。モータは油圧に比べて制御性が優れるため、パワー密度で油圧に劣る欠点を克服できれば、駆動系のクラッチ制御は今後モータ制御に置換される可能性がある。

(4) **制振機構**

　仕事上、エンジン振動やギヤノイズ、チェーンノイズ、油圧振動などは常に身近な課題である。こうした騒音・振動の根本原因は複数の要因が連鎖して起こるものが大半で、あるシステムでは有効な対策でも別のシステムではまったく対策にならない、ということを何度も経験してきている。

　他社新製品の詳細構造が明らかになった場合、振動対策に注視すると、さりげなく巧妙な手法を取り入れていることに気づくことがある。そのような知識は、必ず見える化を行うようにしている。ただし、自社のシステムにその手法がそのまま役に立たないことも多く、システムを構成する振動伝達モデルをきちんと構築することが極めて重要である。

(5) **センサー・アクチュエータ**

　センサー・アクチュエータの世界は日進月歩である。今までにないものが世の中に出てくれば、これまで不可能だった制御が使え、性能・品質が飛躍的に向上することも期待できる。

　近年、ロボット技術が大きく進化し、センサー技術と情報処理方法が重要な位置づけを担っている。ロボット関連の技術展示会には積極的に参加して、どのようなセンサーが使われ、どのような情報処理で制御されているかを理解したい。常にシステムの視点で、センサー・アクチュエータに対する情報を入手することが大切である。なお、**表3-1**に私が作成した知識の分類一覧を示す。

第3章　アイデア具現化のための専門知を増やすコツ

表3-1　上手に知識を整理する

```
自分の仕事に役立つ
自分流の分類フォルダをつくる
```

1. 専門技術分野ごとにフォルダをつくる
2. 同類機能ごとにフォルダをつくる
3. こまめにフォルダをメンテナンスする

（例）

専門分野の分類

1. エネルギー論
2. トライボロジー
3. 油圧工学（制御・振動論含む）
4. 材料力学（失敗事例含む）

アイデアの分類（例）

1. 省エネルギー機構
   （トルクカム・セルフロック・梯子・ねじ・蓄圧など）
2. 可変機構
3. クラッチ機構
4. 制振機構
5. センサー・アクチュエータ

3-4　他所の知恵を活用する手法

　ここで1つ注意すべきは、発表された内容を鵜呑みにしないことである。常に変化点はどこにあるか、原理は何か、核心技術は何かという視点で見ることが大切である。図3-4は、各種クラッチ機構を1枚でPowerPointによる知識の見える化した例である。

　新たな滑りクラッチ機構として、図3-4右上のコニカルクラッチが製品化されたと想定しよう。その場合、このクラッチだけを見るのではなく、他のクラッチ機構と原理的な違いはどこかという変化点に着目し、従来のクラッチと横並びで強みや弱みまで把握することが重要である。そのために、各種クラッチ機構を横並びにして見えるようにしている。

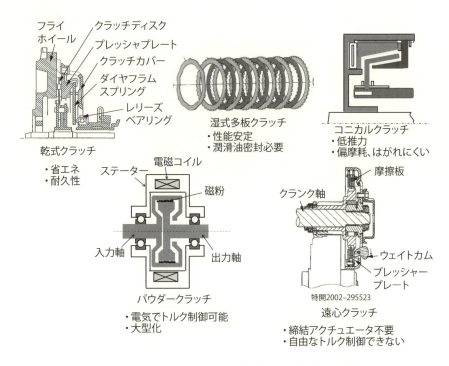

図3-4　各種滑りクラッチ機構（原理の変化点に着目）

▼新製品・新技術の発表や論文発表は新知識の宝の山

　乾式クラッチは、摩擦部を積極的に冷却する手段がないため、一方の摩擦面であるフライホイールの熱容量を大きくする必要があり、摩擦材の摩耗もしやすい。しかし、開放状態での引きずりトルクは小さく、ダイヤフラムスプリングのばね力で締結するため、外部エネルギーはクラッチ開放時のみ必要とするだけで省エネルギーである。

　湿式多板クラッチは、摩擦面に潤滑油が常に供給されるため、冷却環境は乾式クラッチより優れ、安定した摩擦特性を有し摩耗にも優れる。しかし、摩擦板と相手金属プレートを直列に配置するため、軸方向寸法が大きくなり、潤滑油が外部に漏れないようなシール構造を必要とする。

　パウダークラッチは、電磁石の磁力の大きさにより内部に封入された

鉄粉が鎖状に連結し、この結合力でトルク伝達するため、電流の大きさに比例したトルク伝達が可能である。しかし、大きなトルクを伝達するためには大電流が必要で、電磁石の体格が大きくなる。また、電流をゼロにしても鉄粉に残留磁気が残り、クラッチ切れが悪くなることがある。

遠心クラッチは、クランクで回転されるウェイトカムに遠心力が作用する。したがって、クランク軸の回転速度が低いとプレッシャープレートを押圧できないが、クランク軸の回転数が増加すると、ウェイトカムに作用する遠心力が大きくなり、プレッシャープレートが左方に押され、クラッチプレートとプレッシャープレートは、摩擦板を介して相互に圧接され、クランク軸の回転が遠心クラッチインナーに伝達される。遠心クラッチは、特に外部エネルギーを加えなくてもトルク伝達が可能だが、回転数に依存したクラッチトルク容量しか伝達できない特徴を持つ。

コニカルクラッチの長所は、摩擦接触部が斜面であるため、軸方向の小さい押し力で大きなクラッチトルクを発生できる点である。また、摩擦面数を増やしたい場合は、湿式多板クラッチのような直列配置ではなくて径方向に斜面を重ねればよく、軸方向寸法を増やすことなく大きなトルクを伝達できる。しかし、一度締結したクラッチを開放する場合は、外部の機構で確実に引き剥がす機構がないと、斜面に密着した摩擦面の発生トルクをゼロにすることができない。

また、斜面で接触する摩擦面が周方向均一に当たる工夫をしないと、摩擦材が偏摩耗する。このように各クラッチの長所・短所を把握したうえで、図3-4のような横並びにして知識の見える化をすれば、アイデア創出につなげやすい知識となる。

▼変化点への着目から原理モデルへの分解まで

変化点に着目する場合のコツを以下に示す。
○機能が似ているものは1枚のPowerPointにまとめて記載する
○それぞれの得意なところと、苦手なところをメモしておく
○1枚のPowerPointにまとめられないほど多数出てきたら、機能の分類を細分化する

図3-5 自転車のペダル機構（核心技術を抜き出す）

　図3-5は変哲のない普通の自転車である。この写真を見るだけでは何の役にも立たないが、核心技術であるペダルに着目してみよう。ペダルは時計回りに回転すると車輪に駆動力が伝わるが、反時計回りに回転すると車輪は空転する。この原理は、鎖車とペダルにより回転する部分の間に、爪が介在することで実現している。ペダルが時計回りであれば爪はロックし、ペダルが反時計回りの場合は爪が跳ね上がり、空回りするのである。この機構を理解することがアイデア創出につながりやすい専門知となる。
　一方、核心技術を抜き出すコツについて以下に紹介する。
　○そのものに特有な部分を見つける
　○従来のものと比較して、明らかな変化点となる部分を見つける
　○日頃使っている日用品や電化製品を題材に核心技術を抜き出す訓練をする
　図3-6はダイソンの羽根のない扇風機である。扇風機といえば羽根が回転して風を送るのが常識で、これを不思議がる人も多いだろう。その際、原理がどうなっているかと興味を持つことが重要である。この原理はアスピレータである。流速が速い部分の圧力は周囲より低くなるため、周囲の空気を巻き込んで大量の空気を送ることができる。ダイソン

第 3 章　アイデア具現化のための専門知を増やすコツ

ダイソン羽根のない扇風機

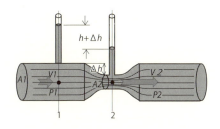

アスピレータの原理
（流速が速い部分に負圧が発生し
回りの空気を巻き込んで流れる）

図 3-6　ダイソン扇風機の原理モデルまで分解

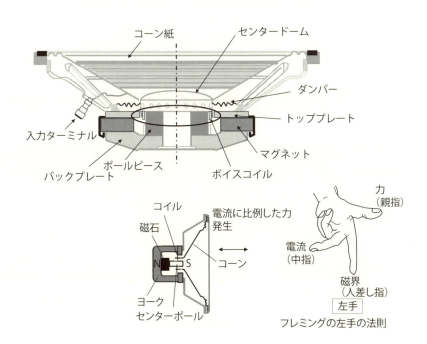

図 3-7　スピーカーの原理モデルまで分解

扇風機はこの原理を応用しており、それを理解することが専門知となる。

図3-7はスピーカーの構造図である。スピーカーで音が再生されるのは、ボイスコイルに音声電流を流すと、ボイスコイルが軸方向の起振力を得て振動し、その振動が振動板を介して空気振動に変換されるからである。ここでボイスコイルが軸方向に振動する原理は、フレミングの左手の法則を利用している。ボイスコイルは、永久磁石で発生する磁界の中でコイルに電流を流すため、軸方向の力が発生する。ボイスコイルは、電流に比例した力を発生する機構であり、アイデアを出すのに役立つ専門知となる。

また、原理モデルまで分解するコツを以下に披露する。
○どんな製品も既存の物理原理を使っているため、どの原理を使っているか好奇心を常に持つ
○製品名＋機能のキーワードでインターネット検索すれば、たいていの原理はわかる
○日頃使っている日用品や電化製品を題材に、どんな物理原理を使っているか調べる習慣をつける

▼特許調査は他所の知恵をいただく絶好のチャンス

特許は、審査官によって進歩性や新規性があり、合理的であると判定されたものだけが権利化される。しかも、発明内容が詳細に記述され、実施例もきちんとしたものが多い。したがって、特許を調査することは新しい知識を得るために非常に有効である。ただし、特許調査から役立つ知識につなげる場合にもコツがある。

それは、知りたいと思うキーワードを絞り込むことである。漠然としたキーワードで特許検索すると膨大な件数がヒットし、とてもすべてを読むことはできない。また知りたいことが曖昧だと、特許を読んでいても時間を浪費するだけで、役立つ知識はほとんど得られない。特許調査で役立つ知識を簡便に見つける手法を、具体例を使って説明する。

図3-8は「シャッターカーテン＋セルフロック」のキーワードで特許検索して見つけた、シャッターカーテン駆動装置の特許である。電動

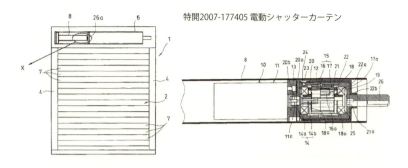

図 3-8　電動シャッターカーテンに見る特許調査で得られた知恵

で巻き上げたカーテンは、巻き上げ完了後に電気をオフしても、カーテンは巻き上がったままで下がらないメカニズムが明細書に書かれている。ここで使われている原理は特殊遊星歯車を使ったセルフロック機構（次節で詳述）で、この特許を読むことで新たな専門知とすることができる。

　芯の片減り防止を売りにしているシャープペンシルは、クルトガシャープペンとして製品化されている。その原理に興味を持ったので、「シャープペンシル＋偏摩耗」のキーワードで特許検索してヒットした特許が図 3-9 である。

　明細書に、懇切丁寧に原理が説明されていて理解しやすい。三角状の歯がついた円環状のリングが、上下に対面する形で配置されている。三角状の歯は上下で位相がずれており、上下の歯の斜面が接触すると円環状リングを回転する力が発生する。円環状リングとシャープペンシルの芯は一体で、1文字書くたびに2つの円環状リングは上下の接触と開放を繰り返すため、芯は少しずつ回転して片減りを防止している。この機構は振動を回転に変換するもので、他にも応用が利きそうである。

　第1章でユースケース図と類似法を用い、シャープペンシルの新構造を創出する例を紹介したが、この手法で必ず新構造が創出できる保証はない。そのようなときにはキーワードを使った特許検索を行い、どんなアイデアが世の中に出ているか知ることも、新構造を創出するヒントに

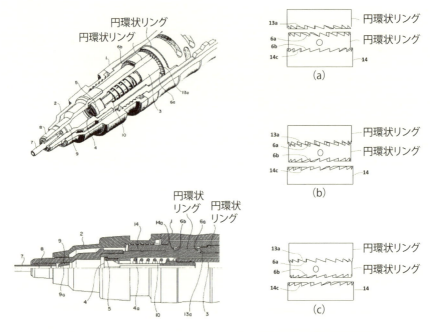

図 3-9　クルトガシャープペンに見る特許調査で得られた知恵

なる。シャープペンシルが抱える課題が何か、またシャープペンシルにどんな付加価値が求められるか、そしてそれらの課題や付加価値がどのような工夫で達成できるかという知識を、特許検索により入手できる。

表 3-2 は、特許検索で参考になりそうなアイデアを調べた例である。「シャープペン＋ノック式＋芯」のキーワードで特許検索し、参考となりそうなものが上段の 7 件であり、「シャープペン＋芯送り」で同様のケースが下段の 3 件である。

第 2 章で電気掃除機について機能・属性分析を行い、7 つの着眼点で新構造を創出する例を紹介したが、こちらもキーワード特許検索で参考になるアイデアを見つけることができる。キーワードが適切でないと、膨大な件数がヒットするため注意が必要である。電気掃除機の騒音防止に関する特許検索に限定し、「掃除機＋吸引＋騒音」のキーワードで特

表3-2 特許検索でシャープペンの要求機能を実現するHOWを知る

特許キーワード検索により要求機能と実現HOWを知る
シャープペン＋ノック式＋芯（182件）

特許公開番号	特許明細書の要旨
特開平 9-156283	1回のノック操作による鉛芯が繰り出す長さのバラツキを小さくするノック式
特開 2002-311629	内蔵芯の把握や芯色の識別が容易
特開 2007-301914	芯タンク内に収納できる芯本数が多くなる少部品点数のノック式
特開 2011-131390	高い筆圧で書いても確実な緩衝力が得られ、柔らか筆記感で芯折れも防止
特開 2012-139955	排出される残芯の量を少なくしたノック式
特開 2012-176494	ノック操作でスライダー先端から芯を一定量を突き出し、小ノック操作で芯を戻す
特開 2013-71392	数々の芯径の芯を保持および繰り出しができ、細い芯でもチャック内に確実に芯を挿入できる

シャープペン＋芯送り（53件）

特許公開番号	特許明細書の要旨
特開昭 63-31797	シャープペンシルの自動芯送り機構
特開平 8-238889	スイング式とサイドノック式の両方で芯繰り出しが可能で、部品点数が少なく安価
特開 2007-144967	シャープペンシルを使用したまま、ペン先側から消しゴムが使用可能

許検索して見つけた、参考になりそうなアイデアが**表3-3**である。
　特許調査で役立つ知識を見つけるコツとしては以下が挙げられる。
　○必須の要素＋要求機能のキーワードで特許検索する
　○ヒット件数が100件以内に収まるキーワードを見つける（必要であればフリーキーワード3つ以上のAND検索をする）
　○ヒット件数が多い場合は、最近出願されたものから先に見て、だん

表3-3 特許検索で掃除機の要求機能を実現する HOW を知る

掃除機＋吸引＋騒音（177件）

特許公開番号	特許明細書の要旨
特開平 5-3841	騒音検出マイクで騒音を検出し、スピーカーで逆位相音を発生して1kHz以下騒音低減
特開平 5-3842	排気ダクトを螺旋状にしてダクト長さ増やし、吸音材貼付面積を大きくする
特開平 7-184808	電動送風機室とコードリール収納室との隔壁下部切り欠きを設け、排気風を二分して吸込仕事率を向上し、送風機を小型化して低騒音化。隔壁に当たる衝撃音防止
特開平 11-225930	ファンモータの回転数が小さいときの塵埃検知センサー感度を上げて、塵埃捕集量をファンモータの回転が高いときと変わらなくする
特開 2000-139789	フィルターの濾材の繊維密度を変化させ、流速が速い部分は密、遅い部分は疎にしてフィルター通過後の乱流を整流化し騒音低減
特開 2001-32798 特開 2001-231726	電動送風機の回転脈動に起因する騒音を入口部に共鳴箱形状にして騒音低減。吸入抵抗にならない（ヘルムホルツ共振器の応用）
特開 2001-169973	塵埃を吸引する吸込ノズルと塵埃と空気を分離する集塵室と、吸引力を発生する電動送風機とこの後段に配置される排気の一部を圧縮し、吸込ノズルに還流して集塵効率向上と低騒音化を実現
特開 2009-45317	ファンモータに発生する負圧により吸引された空気を排出する排出口に、第一減衰板と第二減衰板との間の膨張空間に吸音材を配置して騒音を低減
特開 2010-99183	サイクロン掃除機を出て、電動送風機を出て電動送風機に向かう空気通路を比較的高速領域を形成する部分と、それを取り囲む低速領域を形成するフィルターを配置

　　だん古い特許を見るような巻き戻し検索をする（技術は進化しているので最近のものほど旬な特許）
　○特許検索で役立つ知識を短時間で探すコツは、まず実施例を見て、興味がありそうなものだけ要約を見る（見落としても縁がなかったと諦めれば負担にならない）

▼専門家に直接教えてもらう、専門書を活用する

　当たり前だが、専門家に教えてもらって役立つ知識を得るのは、論文調査や特許調査よりも難しい。専門家を活用する場合、教えてもらいたい内容が具体化され、焦点が絞られている必要がある。内容の焦点を絞れるか否かは、その人の知識レベルの高さに依存する。知識レベルが低いと、教えてもらいたいことが漠然としたり抽象的になったりすることが多く、専門家からの回答も必然的にそのようになる。したがって、役立つ知識は得られにくい。

　単に「専門技術を説明してほしい」という質問と、「その専門技術を当社製品のこの部分に適用したいが、その際の課題は何か？」という質問では、得られる知識量は雲泥の差がある。前者は教科書の解説程度の回答にとどまるが、後者は焦点が絞られていて、より具体的でかつ期待に沿った回答が得られる。さらに後者の場合は、この質問を機会に共同研究への発展も期待できる。

　手戻りのない先行開発を進めるためには、専門家の知識を上手に活用したい。聞きたい内容の焦点が絞られ具体化されているか、常にチェックする必要がある。専門家と共同で先行開発する場合は、専門家が持っている特有技術を具体的にどう活用して成果に結びつけるか、青写真をしっかり描くことが欠かせない。

　また専門書も同様で、知りたい内容を具体化して焦点を絞り、強く知りたいという欲求をもって根気良くマスターするまで読まないと、専門知にはなりにくい。回転体の共振周波数に関する知識を漠然と知りたいと思って専門書を見た場合と、2つの慣性体がばね要素で連結する系のシステムを扱い、ねじり共振周波数がシステムの使用周波数領域外となるようシステム設計しなければならないという状況で、ねじり共振周波数の知識を知りたいと思って専門書を見た場合を比較すると、後者の方が知識の定着率ははるかに高くなる。

　知識が定着したかどうかは、専門書で習熟した内容をPowerPointによる知識の見える化を行い、まわりの人にワンポイントレッスンを実施し、理解されるまで繰り返すことが重要である。

3-5 結果・原因分析で役立つ知識を増やすコツ

この方法は、以下の6つのステップを行うことが重要である。
- STEP1：困っていて解決したい事象や新規に開発したい事象を、主語・述語が明確な文章で記述する
- STEP2：その事象を引き起こしている原因を文章化する（原因の深掘り）
- STEP3：中核原因の特定
- STEP4：中核原因をキーワード化（キーワードは複数列挙してもよい）
- STEP5：抽出したキーワードを使って特許検索・文献検索・インターネット検索などを行う
- STEP6：役立ちそうな技術が見つかれば理解して知識を見える化

▼中核原因を突き止める

図3-10はアイドリングストップ後の発進性を向上するという事象について、結果・原因分析を行った例である。「なぜなぜ？」を6回繰り返して、「再発進時にピストン室油圧の立ち上がりが遅れる」ことが中核原因と特定した。ここから、中核原因と密接なキーワードを抽出するのが本手法の特徴である。この事例では、キーワードとして油圧保持、保持＋停止＋省エネルギー、セルフロックを抽出した。

ここで知識レベルや経験の大小などにより、抽出するキーワードの質と量が異なってくることを知る必要がある。知識レベルが高く、経験が豊富な人ほど良質のキーワードを抽出できるため、一人で行うよりも複数のスペシャリストが集まり、考えられるキーワードを複数抽出することが好ましい。

図3-11は、「保持＋停止＋省エネルギー」キーワード特許検索で得られた新知識である。左側はテーブル位置決め装置で、モータ停止しても確実に停止位置で止めていられるアイデアである。そのために、超音

第3章　アイデア具現化のための専門知を増やすコツ

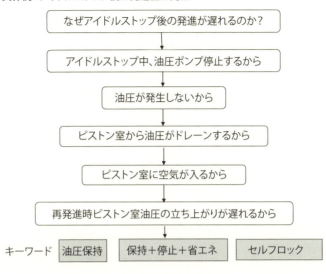

図3-10　結果-原因分析から検索キーワードを探索

波モータのような振動型モータの停止時ローディング力を活用し、停止時の位置決めをすることと、2つの超音波モータで作動する2つのラックアンドピニオンでテーブルの直線移動を制御し、それぞれのラックとピニオンの歯当たりの位相をずらすことで歯車のバックラッシ（噛み合いガタ）を防止している。

　右側の例は電動ボールねじ送り機構を使い、自動車用変速機のシフト操作を自動で行う機構である。モータ駆動ボールねじ送り機構による直線運動をリンクで軸の揺動運動に変換し、軸と一体で揺動する扇状レバーの揺動角に応じて、レンジ切換弁が適切なシフト位置で停止できるように、リーフスプリングの下向き荷重がかかるローラが扇状レバーの先端部に配置され、扇状レバー先端の複数の凹部のいずれかに係合するようになっている。したがって、電動ボールねじ送り機構でシフト操作付近まで扇状レバーを揺動後、モータを停止してもローラが扇状レバーの凹部に係合するため、レンジ切換弁は適切なシフト位置で停止する。

　ここで、ラックアンドピニオンや電動ボールねじに関する知識がない

89

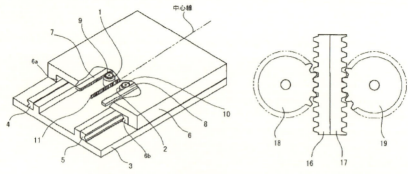

2つの振動型モータ出力軸固定ギヤと噛み合うラックでテーブル位置決め

歯車とラックの当接位置を左右でずらしてバックラッシ防止

特開2005-33943 振動型駆動装置を用いた位置決め機構

停止位置に確実に保持でき
バックラッシ防止できる機構

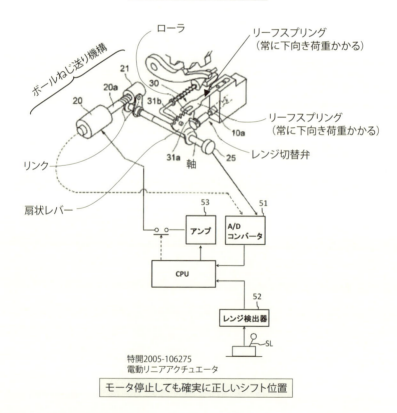

特開2005-106275
電動リニアアクチュエータ

モータ停止しても確実に正しいシフト位置

図 3-11 「保持＋停止＋省エネルギー」フリーキーワード特許検索して
得られた新知識

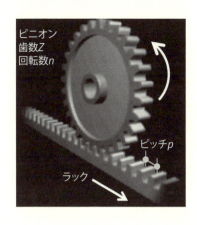

図3-12　ラックアンドピニオンを理解する

方に向けて補足する。図3-12にラックアンドピニオンの構造を示す。ピニオンギヤが棒状部材に歯が切られたラックと噛み合い、ピニオンギヤの回転がラックの直線運動に変換する機構である。ラックの移動量は、ピニオンギヤの歯数Zと回転速度nと、ラックに切られた歯間ピッチpの積となる。

ラックアンドピニオンは、自動車のステアリング機構などでも使われている。図3-13は電動ボールねじ送り機構の構造を示している。通常のねじとナットは、ねじ山谷部の滑り接触で軸方向推力が発生するため、伝達効率は高くない。そこで、ねじの山谷間にボールを介して、ボール転がり接触で軸方向推力を発生させれば効率は向上する。

DCモータの回転は減速機を介してねじ軸の回転に変換し、ねじの軸方向推力でボールねじナットを直線移動させる。ボールねじナットと一体運動する作動シャフトはリニアボールベアリングで支持され、モータ回転速度に応じて作動シャフトはスムーズな直線運動を行う。

ここでボールを常に循環する構造が必要で、図3-13(b)に示すようにチューブ循環式、コマ循環式、エンドキャップ循環式がある。この機会に専門知にするとよい。なお、超音波モータについて詳細は触れないが、興味のある方はインターネットで調べて専門知にしてほしい。

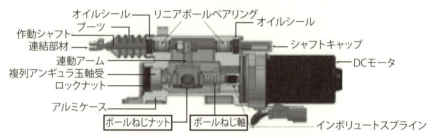

(a) アクチュエーターの構造

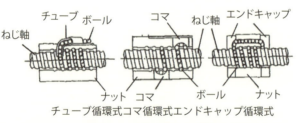

(b) ボールねじのボール循環方式

図 3-13　電動ボールねじ送り機構を理解する

▼キーワードの複数抽出

　図 3-14 は、「油圧保持＋停止」のキーワードで特許検索して得られたドアクローザに関する新知識の例である。

　最初にドアクローザについて、図 3-14 左上図を使って説明する。ドアクローザ本体はドアの左上部に配置された箱状のもので、玄関ドアに

第3章　アイデア具現化のための専門知を増やすコツ

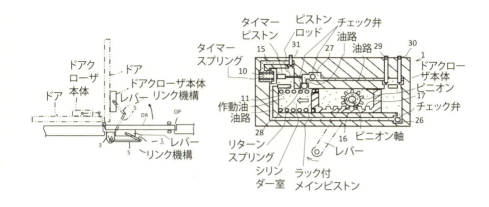

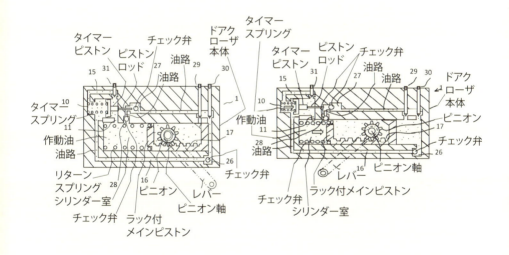

特開2011-179288 ドアクローザ

開放したドアは一定時間開放位置に保持した後
自動的にゆっくり閉じる機構

図3-14　「油圧保持＋停止」フリーキーワード特許検索して得られた新知識

は必ずついているので確認してほしい。ドアを開く場合は若干抵抗があるが、閉めようとするとドアはゆっくり閉まる。このゆっくり閉まる仕組みがドアクローザの役目である。

図3-14の特許は、ドアを任意の位置で開いた状態を維持させるとともに、一定時間後、自動的にゆっくり閉まるところが特徴である。ドアリンク機構によりドアクローザ本体は、ドアの開閉と連動するようになっている。ダンパー本体の内部には作動油が封入され、ピニオンの回転により左右に移動可能な、ラック付ピストンが収納されている。ピニオン軸はリンク機構のメンバーと連結している。

図3-14の左下の図は扉が閉まった状態で、右上図は扉が開いた状態である。扉を開くと、レバーの角度が大きく変化するのがわかる。このレバーの角度変化がピニオン軸の回転に変換され、扉を開くとピニオンが時計回りに回転し、ラック付ピストンは右上図のようにリターンスプリングのばね力に抗して左方向に移動する。

そして、ピストンの左側油室は圧縮されて封入作動油圧が上昇し、チェック弁を閉じて油路は遮断される。またタイマースプリングのばね力に抗して、タイマーピストンを左側に移動させ、封入油は油路経由でチェック弁を開き、シリンダーの右側に入って油流路に流れる。

次に、使用者がドアの開放操作を停止すると、右下図に示すようにピニオン軸の回転が停止し、メインピストンが停止する。さらに、スプリングのばね力でメインピストンを右方向に戻す力が働くが、シリンダー室の容積が広がるため、メインピストンの右側が正圧、左側が負圧となり、ドアは一時的にこの任意の位置で開放維持した状態となる。

タイマーピストンは、タイマースプリングのばね力により徐々に右側に移動し、ピストンロッドがチェック弁を開放すると、右側の油圧が油路を介して左側に流入するため、メインピストンは右側油室を圧縮しながら右方向に移動してドアはゆっくり閉じる。リンク機構・ラックアンドピニオン・チェック弁を巧みに組み合わせて、特別なストッパー機構を追加することなく一連の動作をさせている点は参考になる。

図3-15は、「セルフロック＋停止」のキーワード特許検索で得られ

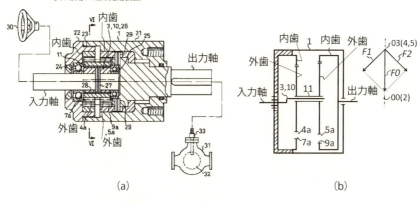

図 3-15 セルフロック＋停止で特許検索して得られた新知識

た新知識である。図 3-15(a)はセルフロック付減速機の機構である。

歯数比の近い 2 組の外歯と内歯で構成される遊星歯車を用い、駆動側の内歯をケースに固定する。そして外歯と連結する入力軸を回転して、内歯を出力軸と連結する。外歯の歯数をそれぞれ $Z4, Z5$、内歯の歯数を $Z7, Z9$ とし、入力軸を 1 回転した場合の出力軸の回転数を調べる。

入力軸を 1 回転すると、内歯がケースに固定されているため、外歯は $Z7/Z4$ 回転分、逆方向に自転する。したがって、外歯は入力軸が 1 回転する間に $1-Z7/Z4$ 回転する。出力軸は外歯と噛み合う内歯と連結し、外歯は一体回転するため、出力軸は入力軸が 1 回転する間に $1-Z7/Z4 \times Z5/Z9$ 回転することになる。各歯車の歯数を $Z4=27, Z7=30, Z5=30, Z9=33$ とすると、出力軸の回転数は $1-30/27 \times 30/33=-0.0101$ となり、99 倍減速され、逆回転することになる。

次に入力軸を回転するトルクをゼロにすると、図 3-15(b)に示すように出力軸側の負荷荷重は 2 組の噛み合うギヤに対し、均等な反力（F1, F2）となる。しかも、F1 と F2 の作用する方向が反対となるため、合

成ベクトルは軸中心を向く。その結果、出力軸の回転は自動的に停止を維持。このセルフロック機構は、省エネルギー機構として役立つ。

▼原因を絞り込めない場合の対策

ところで、先に示した6つのステップに従って結果・原因分析をすれ

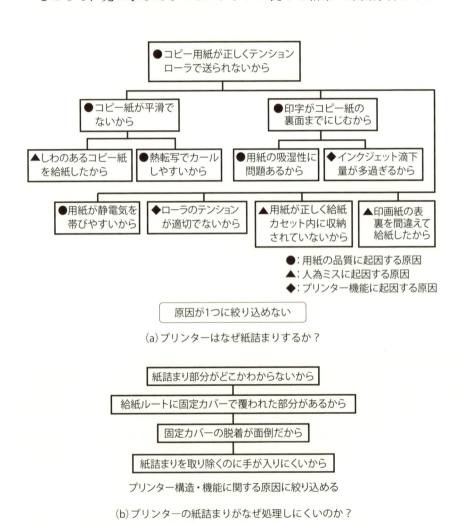

図 3-16　結果 - 原因分析で原因が1つに絞れない例

ば、確実に原因と密接なキーワードを見つけることができるかというと、答えは NO である。以下に、原因が絞り込めない具体例と、そのようなケースでの対処法について紹介する。

図 3-16 は、結果・原因分析で原因を1つに絞り込めない例である。図 3-16(a)は、プリンターの紙詰まりを題材に結果・原因分析を実施したものである。原因として、用紙の品質に起因するもの、人為ミスに起因するもの、プリンターの機能に起因するものに分類できる。しかも紙詰まりを防ぐためには、すべての原因に対する対策が必要となる。このような場合は発想を転換し、紙詰まりが発生することを前提として、紙詰まりするとなぜ処理しにくいかをテーマに結果・原因分析を行う。

実施した結果を図 3-16(b)に示す。こうすると、原因はプリンターの構造・機能に絞り込まれるため、原因と密接なキーワードの絞り込みがしやすくなるとともに、対策案も出しやすくなる。

まとめ

◇習得した知識は PowerPoint による知識の見える化をする。
◇完全にマスターできたかどうかは、PowerPoint で作成した知識の見える化を、他人に紹介するワンポイントレッスンで確認。
◇新技術などから知識を得る場合は、従来との変化点を比較する、原理を理解する、核心技術を抜き出す視点で見ることが重要。
◇特許検索は、絞り込まれたキーワードを見つけることが重要。
◇原因や事実を深掘りして中核原因を抽出する。その後、中核原因をキーワード化する。
◇抽出したキーワードに基づき、多様な手段を用いて情報収集。
◇役立ちそうな技術をマスターして知識の見える化をする。
◇結果・原因分析を行って原因が1つに絞り込めない場合は、その結果が発生したときに何が課題か、その根本原因を分析するという発想の転換が効果的である。

演習問題❺

PowerPoint を使った知識の見える化に挑戦

　これまで蓄積してきた専門知識について、PowerPoint で見える化を行い、自分流のファイルを作成する。さらに、つくった知識の見える化を使い、周囲の人にワンポイントレッスンをしてみる。

演習問題❻

ジャイロモーメントについて知識の見える化を進める

　高校で習う物理現象の1つ、ジャイロモーメントについて、わかりやすい PowerPoint による知識の見える化を進める。そして、仲間にワンポイントレッスンをしてみる。

演習問題❼

「家電製品＋機能」のフリーワードで特許検索し PowerPoint で知識を見える化

　特許電子図書館（http://www.ipdl.inpit.go.jp/homepg.ipdl）を使って役立ちそうな特許を抽出し、PowerPoint で知識の見える化をする。掃除機なら機能として吸引能力やコードレスが考えられる。ダイソンの扇風機は、ふさわしい機能のキーワードが見つかれば容易に特許にたどり着ける。

演習問題❽

アイロンを常時通電する理由を結果・原因分析

　「アイロンはなぜ常時通電しないといけないか」を題材に、結果・原因分析を行ってキーワードを抽出する。キーワードを使って特許検索やインターネット検索を行い、役立つ知識を入手する。

第4章

モノづくりの定石とされる便利な機構事例

　自動車や家電製品の構成部品には、梃子の原理を利用した力増幅機構や回転方向を変換するリンク機構のようなもの、ねじ・ばねのような部品、さらには制御用のセンサーが必ず使われている。私は、これらをモノづくりの定石機構と名づけている。
　それらの機構についてわかりやすく分類し、実際に使われている実例とともに紹介する。本章で記載した機構についてきちんとマスターできれば、大幅に専門知を増やせるはずである。ぜひ、この機会に効率的に専門知を蓄える仕組みを築いてほしい。

新しいアイデアを出す際に、よく使われる常套手段ともいうべき便利な機構がある。相撲における決まり手や囲碁・将棋における定石のようなものである。
　自動車は非常にたくさんの部品で構成されているが、梃子の原理やパスカルの原理などは多くの部品で使われている。このようなものが便利な機構と称されている。
　これから、機械技術系の技術者なら誰でも役に立つと思われる機構例を以下に紹介する。みなさんも普段から使えそうな機構については、メモなどで身近に準備していることだろう。ただし、このやり方は脈絡のないメモの集合でしかないところに欠点がある。そこで、便利な機構例については体系化した分類が非常に大事になってくる。以下に私が推薦したい便利な機構例を紹介する。

4-1　力を拡大する機構

　力を拡大する機構については、さらに4つに細分化できる。

▼斜面を活用して力を拡大

　図4-1は斜面を力の拡大に活用した例である。図4-1(a)はトルクカムと呼ばれるものである。対面する斜面で構成されるカム面の間にボールがはさまれたもので、ねじり方向に荷重T_pが作用すると、T_pのtan α倍増幅したスラスト力が発生する。カム角度が72°の場合、スラスト力は3倍に増幅される。
　図4-1(b)はねじを表している。ねじ山を展開すると、一定角度（リード角）βの斜面になる。ねじの有効直径をdとして、ねじを1回転すると、ねじの回転軸方向には$L = \pi d \tan\beta$だけ進む。ねじを回転させるための荷重をPとして、ねじの回転軸方向の荷重をQとすると、$P = Q \tan(\rho + \beta)$の関係がある。

第 4 章　モノづくりの定石とされる便利な機構事例

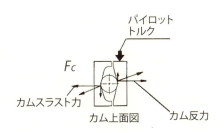
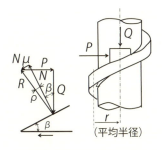

$$F_c = \frac{T_p}{R_c}\tan\alpha$$

ここで、T_p：パイロットクラッチトルク
R_c：カムの作用半径
α：カム角度

> カム角度（α）が72°の場合
> カムスラスト力は3倍に増幅

(a) トルクカム

$$P = Q\frac{\tan\rho\cos\beta + \sin\beta}{\cos\beta - \tan\rho\sin\beta} = Q\tan(\beta+\rho)$$

P：締付操作荷重
Q：軸方向荷重
β：リード角度
$\tan\rho$：ねじの山部・谷部の摩擦係数
d：ねじの有効直径

(b) ねじ

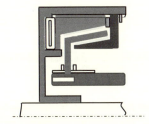

$$T = \frac{\mu FR}{\sin\alpha}$$

T：伝達トルク、　μ：摩擦係数、
F：押付荷重、　R：摩擦面有効半径、
α：テーパ角度

摩擦材が貼られたテーパ面を
相手テーパ面に押しつけて
締結する。テーパ角度8°の場合、
法線荷重は7倍に増幅

(c) コニカルクラッチ

図 4-1　斜面を活用する例

101

ここで tan ρ はねじの摩擦係数であり、0.1 程度であるため ρ は 5.7° となる。通常のねじのリード角 β は 2～3° であり、ねじの回転軸方向の荷重 Q はねじを回転する荷重 P の約 7 倍に増幅される。

特殊なねじ形状をしたタイヤジャッキを使えば、人力で簡単に車両を持ち上げられることからも、ねじによる力拡大の威力を実感できるだろう。

図4-1(c)はコニカルクラッチの例である。摩擦材が貼られたテーパ面を、相手テーパ面に押しつけることで締結する構造である。押付力 F の $1/\sin\alpha$ 倍増幅された締結力で、トルク伝達することができる。α が 8°の場合、締結力は 7 倍に増幅される。

▼セルフサーボ機構を活用して力を拡大

図4-2はセルフサーボ機構の代表として、ベルト伝達機構とバンドブレーキを示したものである。図4-2(a)のベルト伝達機構の場合は、入出力プーリ間の巻きかけられたベルトに引張張力 t_1 を掛けると、出口部のベルト張力は $1/\exp(\mu\alpha)$ 倍に低下する。

入出力間のベルト張力差を使って、ベルトは動力を伝達している。ゴムベルトであれば、摩擦係数が 0.5 程度となるので、引張側張力 t_1 の 70.5% が有効張力に利用できる。

図4-2(b)はバンドブレーキの構造断面図である。バンドブレーキは回転ドラムの外周に配置されている。ケースに固定されているアンカーボルトと、対抗配置されているサーボピストンロッドでバンドブレーキをはさみつけると、バンドブレーキ内面に貼られた摩擦材が回転ドラムに密着してブレーキ作用をする。

ドラムの回転方向が、サーボピストンロッドの押しつける方向と同じ場合をリーディング状態と呼び、サーボ効果により押付荷重の数倍の制動力を出すことができる。

一方、ドラム回転方向が反対方向の場合はトレーリング状態と呼んで、押付荷重の数分の 1 の制動力しか出ない。ドラム半径 R を 78.5mm、バンド・ドラム間摩擦係数 μ を 0.13、巻付角 β を 300°、サーボピストン押

第 4 章　モノづくりの定石とされる便利な機構事例

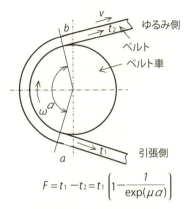

$$F = t_1 - t_2 = t_1 \left(1 - \frac{1}{\exp(\mu a)}\right)$$

F：ベルト張力
t_1：引張側張力
μ：ベルト・プーリ間摩擦係数
a：巻付角

(a) ベルト伝達機構

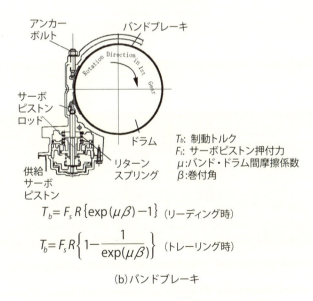

T_b：制動トルク
F_s：サーボピストン押付力
μ：バンド・ドラム間摩擦係数
β：巻付角

$$T_b = F_s R \{\exp(\mu\beta) - 1\} \quad (\text{リーディング時})$$

$$T_b = F_s R \left\{1 - \frac{1}{\exp(\mu\beta)}\right\} \quad (\text{トレーリング時})$$

(b) バンドブレーキ

図 4-2　セルフサーボ機構を活用する例

103

付力を310Nとすると、リーディング状態では24Nmの制動トルクとなる。一方、トレーリング状態では12Nmまで低下する。バンドブレーキは軸方向寸法を増やさずに、制動と解放制御が行えるメリットがある。しかし、リーディング状態に対してトレーリング状態になると、制動力が半減してしまうため制御性が悪いデメリットが挙げられる。

▼パスカルの原理を利用して力を拡大

図4-3はパスカルの原理（図4-3(a)）と、パスカルの原理を応用し

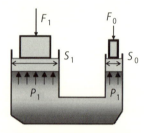

ピストンの面積を変えると
増力するのに使える

(a) パスカルの定理

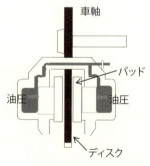

ブレーキペダル踏力→マスターバッグ(吸入負圧利用踏力増幅)
→マスターシリンダー油圧(断面積小)→ブレーキパッド押圧室
油圧(断面積大)

(b) 自動車ブレーキシステム

図4-3　パスカルの原理を利用する例

た自動車ブレーキシステム（図 4-3(b)）を示したものである。

油圧を介して連通している部分の油圧は、どこでも均一（$P1$）になることが、パスカルの原理の基礎である。したがって、連通する油圧開口部の一方の受圧面積を S_0 として、他方を S_1（$S_1 > S_0$）とする。S_0 側の開口部を F_0 という荷重で押圧すると、S_1 側の開口部には S_1/S_0 倍の荷重が発生する。

操作部の受圧面積を小さくして制御対象部の受圧面積を拡大すれば、小さな力で大きな力を発生できる。しかも油は圧縮性が高く、配管を使って遠隔操作できることが利点である。自動車のブレーキシステムはこの原理を活用した代表例である。

▼梃子の原理を利用して力を拡大

図 4-4 は梃子の原理と、梃子の原理を利用したブレーキペダル部を示している。ブレーキペダルの小さな操作力は、梃子の原理で増幅された力になり、ブレーキピストン室を押す力に変換されている。梃子の原理は、レバーを使って支点の位置を工夫すれば、小さな力で大きな力が出せるというものである。自動車関係ではさまざまなところで梃子の原理が使われている。

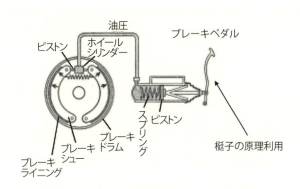

図 4-4　梃子の原理を利用して力を拡大

4-2 力をためる機構

力をためる機構についても以下の4つに細分化することができる。

▼アキュムレータにより油圧に変換して力をためる

図4-5は油空圧機器として一般的な、窒素ガスを封入したブラダ（浮き袋）型のアキュムレータである。アキュムレータ内の高油圧でブラダを圧縮した状態で蓄圧し、油圧エネルギーを放出する場合はブラダを膨張させてアキュムレータ内油圧を放出する。

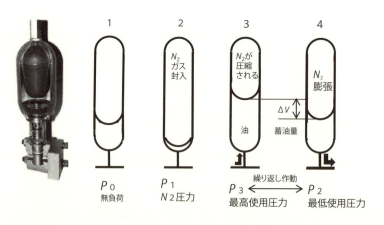

$V_1 = \dfrac{V_2}{e \eta F}$

V_1：アキュムレータ容積 (cc)
V_2：アキュムレータ吐出量 (cc)
P_3：最高作動圧力(MPa)
P_2：最低作動圧力(MPa)
P_1：ガス封入圧力(MPa)
P_x：平均圧力 $= \dfrac{P_3 + P_2}{2}$

e：ガス封入圧力比 $= \dfrac{P_1}{P_2} = 0.8 \sim 0.9$

a：作動圧力比 $= \dfrac{P_3}{P_2}$

η：アキュムレータ総合効率 $= 0.95$

m：蓄圧時のポリトロープ指数
n：吐出時ポリトロープ指数
F：吐出係数 $= \dfrac{a^{1/n} - 1}{a^{1/m}}$

図4-5 アキュムレータの活用

蓄積エネルギーを増加させるためには、アキュムレータ容積を増やすか蓄圧する圧力を増やすことが考えられるが、搭載性などの制約で容積を増やすことには限界があるので、高圧（30MPa以上）で蓄圧する事例が多い。

図4-6は圧縮コイルばねを、フリーピストンの内径側に圧縮した状態で配置したばね式アキュムレータである。フリーピストンの底面にかかる油圧よりポンプ吐出圧の方が高いと、オリフィス付チェック弁を開いてフリーピストンを圧縮コイルばねのばね力と釣り合う高さまで上昇させ、ポンプ吐出圧と同じ油圧を蓄圧する。ここで、ポンプ吐出圧が下がった場合はチェック弁が閉じるため、高い吐出圧の蓄圧を維持できる。

フリーピストンが容器の蓋に当接すると、それ以上の油圧の蓄圧はできない。この状態が蓄圧可能な最高圧であり、最大の蓄圧容量となる。

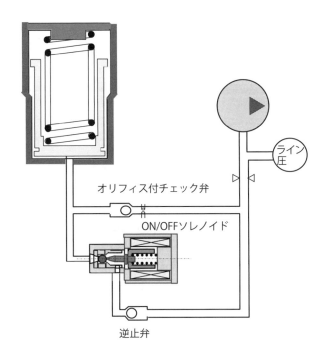

図4-6　ばね式アキュムレータ

蓄圧した油圧を放出する場合は、ON/OFFソレノイドをON状態にすると、圧縮コイルばねのばね力によりフリーピストンが下降移動して、蓄圧していた油圧は逆止弁を開放して、ポンプ吐出油路に放出される。

ここで、放出油圧よりポンプ吐出油圧の方が高い状態に逆転した場合は、逆止弁は閉じてオリフィス付チェック弁からポンプ吐出圧がゆっくり流入し、フリーピストンへの蓄圧が開始される。ばね式アキュムレータは安価で重量も軽い、低圧（0.5～1MPa）油圧蓄圧デバイスである。

ホンダのNワゴンでは、アイドリングストップ用にこのばね式アキュムレータを2本並列に搭載し、エンジン再始動時に蓄圧したアキュムレータ圧を放出するものを商品化している。従来のアイドリングストップ用専用電動ポンプは不要で、電力消費はゼロである。

2-2節のエネルギー論ではアキュムレータを活用した例をいくつか紹介したが、今後自動車の省燃費化でアキュムレータは注目されるデバイスと言える。

> ばねの弾性を利用して力をためて、ぜんまい時計のように徐々に弾性エネルギーを放出させて秒針を動かすこともできるし、チョロQのようにためたエネルギーを瞬時に放出することも可能

写真 4-1　ばねの活用

▼ばねにより力をためる

写真4-1はぜんまいばねの写真である。ぜんまいばねを巻き上げれば、ばねの弾性エネルギーとして力をためることができる。

図4-7は電気掃除機の鳥瞰図と、電源コード巻取部の構造を示している。電源コードを引き出すことで、ぜんまいばねを巻きつけて弾性エネルギーをためる。電源コードを引き出す行為をやめると、コードリール軸上のこぎり歯状の被係止部（突起部）に、本体に取り付けられているブレーキ手段本体の係止部が食い込み、引き出された電源コード長さ

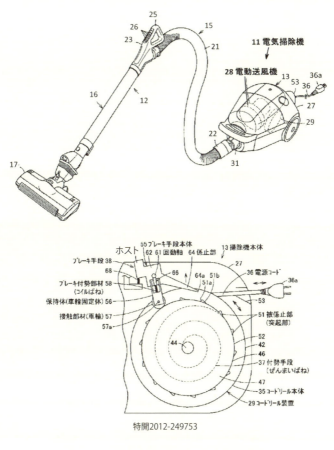

特開2012-249753

図4-7 電気掃除機のコード巻取機構

は維持される。

　再び電源コードを引き出すと、係止部は被係止部の歯を乗り上げるので、抵抗なくコードを引き出すことができる。一方、電源コードを巻き取る場合は、ブレーキ手段とリンクするボタンを押すことで、係止部が跳ね上がる。被係止部の突起部と干渉しないため、ぜんまいばねの弾性エネルギーにより5m近い電源コードをスムーズに巻き取っている。

　ここで、ぜんまいばねによるエネルギー蓄積・放出には特徴があることに気づいた方はいないだろうか。それは、エネルギーを蓄積する回転方向と、エネルギーを放出する回転方向が逆になることである。ぜんまいばねで、エネルギーを蓄積する場合は、巻かれて縮む方向にぜんまいばねは回転し、エネルギーを放出する場合は縮んだ状態から拡がる方向、すなわち蓄積状態とは逆方向にぜんまいばねは回転する。

　この性質は、ぜんまいばねだけではなく、ねじりコイルばねにも共通している。ねじりコイルばねでエネルギーを蓄積する方向に回転すると、ねじりコイルばねの平均径は縮み、エネルギーを解放する方向に回転すると、ねじりコイルばねの平均径は拡がる性質がある。この特徴を利用すると、ねじりコイルばねを一方向に回転すると締結(セルフロック)し、逆方向に回転すると空転状態にすることができる。

　図4-8はねじりコイルばねの上記特性を、上手に活用した電動シャッターに関する特許である。電動シャッターの開閉機において、火災時や停電時などの緊急時に手動でもシャッターの開閉をできるようにしたものが知られている。このような開閉機の制動機構は、電動機軸に固着されたブレーキシューとブレーキシャフトに固着したブレーキドラムを接離可能に対向させて配設し、常時は制動スプリングによってブレーキドラムをブレーキシューに圧接している。また、ブレーキドラムには手動で巻き上げるためのチェーンが懸装されている。

　電動機に通電すると、電磁クラッチが励磁され、ブレーキドラムとブレーキシュー間に隙間ができ、電動機軸が回転可能となって、カーテンの巻き取りを行う。カーテン巻き取りの上限リミットを検知すると、電動機の通電が遮断され電磁クラッチの励磁も停止し、ブレーキドラムと

第 4 章　モノづくりの定石とされる便利な機構事例

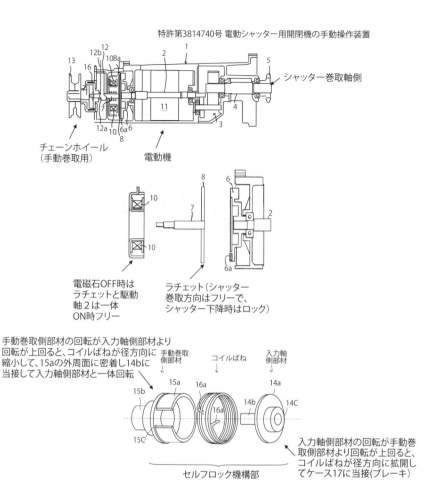

図 4-8　ばねをセルフロックに活用した電動シャッター

ブレーキシューが圧接する。ここで、ブレーキドラムにはラチェット機構がついていて下降側への回転は規制され、上昇側への回転はフリーである。したがって、電動機の通電解除時の電動機軸の慣性で回転する分はブレーキドラムに伝達され、手動用チェーンが巻き上がってしまうという課題がある。この課題を解決するため、電動機軸の慣性回転ではブレーキドラムが連れ回らないように制動機構を追加すると、手動で

111

シャッターを巻き上げる際の抵抗となり、手動操作力が重くなる。

この課題を抜本的に解決するために、同特許においてはブレーキドラムと手動巻取用のチェーンホイールの間にねじりコイルばねを使ったセルフロック機構で分離させている。図4-9は、ねじりコイルばねでセルフロックするメカニズムを説明したものである。

手動巻取側部材の回転が、入力軸側部材の回転より速い場合は、コイルばねが径方向に縮小して、15aの外周面に密着するので、両部材は一体回転する。これは手動巻取装置でシャッターを巻き取る状態であり、抵抗となるものは介在しない。一方、入力軸側部材の回転が手動巻取側

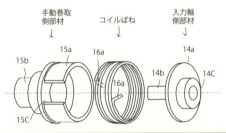

コイルばねは、手動巻取側部材を支点にして入力軸側部材を回転するとコイルばねは拡開軸し、固定カバーの内壁に接触して、入力軸側部材を制動作用するとともに、手動巻取側部材はフリー状態となる
逆に入力軸側部材を支点として手動巻取側部材を同方向に回転すると、コイルばねは縮んで、手動巻取側部材の張出円筒面15aに密着して、入力軸側部材と手動巻取側部材は一体回転する

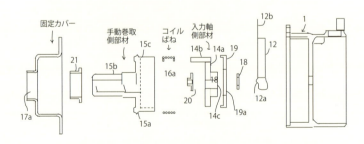

コイルばねに対して、入力軸側部材と手動巻取側部材が鏡面の関係にあることに着目したことがポイント

図4-9　ばねによるセルフロックのメカニズム

部材の回転より速い場合は、コイルばねが径方向に拡開して、ケーシングの内周面に強く接触する。この状態は、電動機軸が慣性で回転する状態に当たり、慣性回転を制動する機能となる。

ねじりコイルばねが時計方向にねじられた場合は、ねじりばねの平均径が縮みつつ、ばねのねじり力がモータの負荷となり、シャッター巻上用モータが停止時には、モータ慣性に伴う手動巻取軸の連れ回りを防止している。一方、停電時のようにモータでシャッターを引き上げられない場合は、手動巻取装置を使ってシャッターを巻き上げることになるが、この場合はねじりばねが反時計方向にねじられるので、ねじりばねの平均径が拡がる方向になるため、抵抗なく手動巻取装置で、シャッターを引き上げることができる。

▼フライホイールで力をためる

図4-10に示すように、フライホイールは回転体の慣性モーメントを利用して、運動エネルギーとして力をためる機構である。蓄積エネルギーは慣性モーメントの大きさに比例し回転速度の2乗に比例する。大容量エネルギーを蓄積する場合、30,000rpm以上で回転するものが多い。

フライホイールはバッテリーと比べて経時劣化が少なく、メンテナンスフリーにできる長所がある。この長所を活かして、風力発電の発電量を平滑化する用途で使用されている。

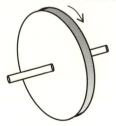

$$L(J) = \frac{1}{2}I\omega^2$$

L：蓄積エネルギー
I：慣性モーメント
ω：回転角速度

図4-10　フライホイールの原理

風力発電は発電量が一定ではないため、フライホイールでためた運動エネルギーを、必要時にジェネレータで発電して発電量を補完している。この場合、設置面積の制約は少ないので、径の大きい（φ1,000mm 程度）フライホイールで、最高回転数 10,000rpm 以下で蓄積するタイプが開発されている。またフライホイールは、バッテリーよりパワー密度が高いメリットを活かして、エネルギーをためたらすぐ放出する用途に向いている。

最近、F1 マシンに搭載された事例（Volvo Flybrid）がある。この例では、直径φ200mm のカーボンファイバー製フライホイールを、専用の無段変速機の変速比を調整して、最高回転数 60,000rpm まで上昇させ、蓄積された運動エネルギーを FR 車両の後輪タイヤ軸に直接放出して、走行することが可能である。フライホイールに蓄積される運動エネルギーは最大で 540kJ で、フライホイールの最大出力は 60kW になっている。

▼バッテリー・キャパシタで電気をためる

モータで力行して、回生時はジェネレータでエネルギーを電気に変換する方式は非常に制御性が良い。発電した電気はためられ、力行時に放出できなければいけない。このように電気を溜めたり、放出するデバイスが、バッテリーやキャパシタである。図 2-6 で示したように、リチウムイオン電池はエネルギー密度が高く、出力を長時間放出することが可能である。ただし、瞬時に高出力を出し入れする用途では、パワー密度に優れるキャパシタが有利である。

リチウムイオン電池は、電気自動車やハイブリッド自動車のモータ電源として使われている。一方、電気二重層キャパシタは、車両の減速走行時のエネルギー回生用として使われている。マツダのアテンザに採用された i-ELOOP は、減速走行時にオルタネータで発電して発電された電気をキャパシタに充電し、エンジン走行時にキャパシタでためた電気を電装品に供給している。これにより、エンジンでオルタネータを発電する負担を軽減して燃費向上を図っている。

4-3 速度を変える・動力を分割する遊星歯車機構

　遊星歯車は非常に便利な機構である。1つのギヤで入力に対する出力の回転速度を増速したり、減速したり、逆転を自由にコントロールできる。また、遊星歯車のトルク分割機能を利用すれば、プリウスのようなハイブリッドシステムの構築も可能だ。遊星ギヤは各ギヤの噛み合いが差動なので、各ギヤの歯数を適切に設定すれば、高減速比ギヤを実現したりセルフロックできる性質を持っている。

▼遊星歯車の多彩な機能

　図4-11は遊星歯車の構造を示している。サンギヤ・リングギヤと両ギヤと噛み合う複数のピニオンギヤ、ならびにこれら複数のピニオンギヤを支持するキャリアで構成されている。サンギヤ(S)、リングギヤ(R)、キャリア(C)の3つの要素の中から1つを入力とし、他の1つを出力として残った要素を固定すると、出力要素の回転速度は入力要素の回転速度に対して増速、減速、逆転が選択できる。また、3つの要素の中の2つを直結すると、3つの要素は一体回転する。

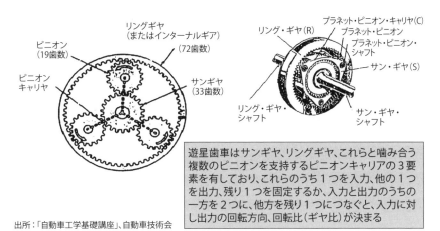

図4-11　遊星歯車の構造

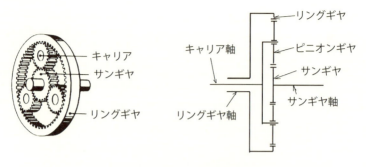

駆動軸	従動軸	固定軸	駆動軸回転に対する従動軸回転方向	速比
キャリア	サンギヤ	リングギヤ	同方向、増速	$1+Z_r/Z_s$
リングギヤ	キャリア	サンギヤ	同方向、減速	$\dfrac{Z_r/Z_s}{1+Z_r/Z_s}$
リングギヤ	サンギヤ	キャリア	逆方向、増速	$-Z_r/Z_s$
キャリア	リングギヤ	サンギヤ	同方向、増速	$\dfrac{1+Z_r/Z_s}{Z_r/Z_s}$
サンギヤ	キャリア	リングギヤ	同方向、減速	$\dfrac{1}{1+Z_r/Z_s}$
サンギヤ	リングギヤ	キャリア	逆方向、減速	$-\dfrac{1}{Z_r/Z_s}$

出所:「自動車工学一基礎」、自動車技術会

図 4-12　シングルピニオン式遊星歯車の入出力変速比、回転方向の関係

　これらの関係を示したものが**図 4-12**である。遊星歯車の各要素の速度比の関係や、分担トルクの関係を線図で表現したものが共線図である。
　図 4-13はシングルピニオン式遊星歯車の共線図を説明したものである。図 4-13(a)は、構成要素であるS：サンギヤ、P：ピニオンギヤ、R：リングギヤの配置関係を示している。ピニオンギヤの中心部からサンギヤの中心までの直線はC：キャリアを表す。
　ここで、キャリアの回転を停止した状態で、サンギヤを時計回りに回転すると、ピニオンギヤは反時計回りに回転し、リングギヤは内接ギヤ（内径側の歯車でピニオンギヤと噛み合う）のため、ピニオンギヤと同方向回転（反時計回り）となる。
　次にサンギヤの回転速度を 1 としたときの、ピニオンギヤとリングギヤの回転速度を調べてみる。ここでサンギヤの歯数（Z_s）とリングギヤ

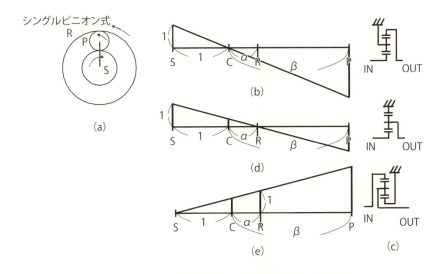

図 4-13　シングルピニオン式遊星歯車の共線図

の歯数（Z_s）の比 Z_s/Z_r を a とし、サンギヤの歯数（Z_s）とピニオンギヤの歯数（Z_p）の比 Z_s/Z_p を β とする。すると、リングギヤの回転速度はサンギヤの回転速度の a 倍で、ピニオンギヤの回転速度はサンギヤの回転速度の β 倍となる。リングギヤの方がサンギヤより大径で a は1より小さく（通常 0.35～0.65 程度の値）、リングギヤはサンギヤに対して減速される。

一方、ピニオンギヤの径はサンギヤの径の半分程度で、β は2以上の値となり、ピニオンギヤはサンギヤに対して増速となる。各メンバーの回転速度と回転方向の関係を線図で表したものが、図 4-13（b）である。

直線の左端にサンギヤ（S）を配置し、線分の長さが1対 a の関係になるようにキャリア（C）とリングギヤ（R）を配置する。直線の右端はピニオンギヤ（P）であり、キャリアとピニオン間の線分の長さは β である。

▼回転速度と回転方向を求める

次にこの直線を x 座標として、サンギヤ（S）の位置での y 座標が1で、

キャリア（C）の位置のy座標がゼロを通る直線を引く。そして、リングギヤ（R）とピニオンギヤ（P）の位置における、この直線のy座標がそれぞれの要素の回転速度と回転方向である。

リングギヤ（R）の回転速度は、サンギヤ（S）の回転速度に対して逆転で、かつa倍に減速された速度になる。速度比の逆数を変速比と呼ぶため、この状態における変速比は$1/a$である。またピニオンギヤ（P）は逆転でβ倍増速していることが、線図上で表されている。これが共線図である。なお図4-13(e)は各要素の入出力ならびに固定の関係を示した遊星歯車のスケルトン図である。

図4-13(d)は、サンギヤ（S）の回転はそのままで、リングギヤ（R）の回転を停止した場合の共線図である。すると、キャリア（C）はサンギヤ（S）と同方向回転で、$a/(1+a)$倍減速し（変速比は$(1+a)/a$）、ピニオンギヤ（P）は逆回転で、回転速度が$(\beta-a)/(1+a)$倍となる。

リングギヤ（R）の回転速度を1としてサンギヤ（S）を固定した場合の共線図が図4-13(e)である。キャリア（C）はリングギヤ（R）と同方向回転で、$1/(1+a)$倍減速（変速比は$(1+a)$）となる。ピニオンギヤ（P）は、リングギヤ（R）に対して同方向回転で、$(1+\beta)/(1+a)$倍増速となる。

この共線図を使えば、サンギヤ（S）・リングギヤ（R）・キャリア（C）のいずれかを入力として他のどれかを固定すると、ピニオンギヤ（P）を含めた各要素の回転状態は一目瞭然でわかる。

図4-14は、この共線図を使ってサンギヤ・リングギヤ・キャリア各要素の分担トルクの求め方を説明したものである。サンギヤ（S）で分担するトルクとリングギヤ（R）が分担するトルクは、この共線図におけるキャリア（C）を支点とした梃子の原理で考えればよい。すなわちリングギヤ（R）で分担するトルクを1で下向きとすると、サンギヤ（S）で分担するトルクはa倍でトルクの方向は同方向（下向き）となる。

キャリア（C）は支点となるため、分担トルクはリングトルク（R）の$1+a$倍で、リングギヤとは逆方向（上向き）となる。

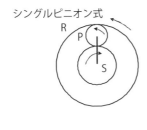
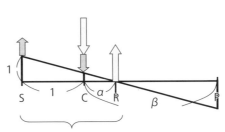

図4-14　共線図を使って各メンバーの分担トルクを求める

▼ダブルピニオン遊星歯車の活用

　図4-15はダブルピニオン式遊星歯車の共線図である。図4-15(a)はダブルピニオンギヤ式遊星歯車の各要素の配置を示している。サンギヤと噛み合うピニオンギヤと、リングギヤと噛み合うピニオンギヤが別で、それぞれのピニオンギヤは噛み合う構造になっている。

　この共線図について説明する。ただし、2つのピニオンギヤの回転状態まで表すと複雑になり過ぎるため、この共線図ではサンギヤ・キャリア・リングギヤの相対回転関係のみを表す。キャリア（C）の回転を停止した状態で、サンギヤ（S）を時計方向に回転すると、ピニオンギヤ1（P1）の回転は反時計回りで、ピニオンギヤ2（P2）の回転は時計回りとなる。したがって、リングギヤ（R）の回転も時計回りとなる。

　サンギヤの歯数（Z_s）とリングギヤの歯数（Z_r）の比Z_s/Z_rを、シングルプラネタリー式のときと同様にαで表すと、リングギヤ（R）の回転数はサンギヤ（S）の回転数のα倍減速することになる。シングルプラネタリー式との違いは、リングギヤ（R）の回転方向がサンギヤ（S）

119

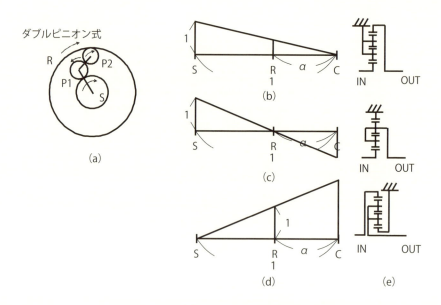

図 4-15　ダブルピニオン式遊星歯車の共線図

と同方向となることである。これを共線図で表したのが図 4-15(b)である。

　直線の左端にサンギヤ (S) を配置し、右端にキャリア (C) を配置する。サンギヤ (S) とキャリア (C) との線幅を 1 とし、キャリア (C) から a の線幅を内分した位置にリングギヤ(R)を配置する。サンギヤ(S)の位置での y 座標が 1 で、キャリア (C) の位置の y 座標がゼロの直線を引くと、ダブルピニオン式遊星ギヤの共線図となる。

　シングルピニオン式遊星歯車の共線図との違いは、キャリアとリングギヤの配置が入れ替わっていることである。図 4-15(c)はサンギヤ入力で、リングギヤを固定した場合の共線図である。キャリアの回転はサンギヤに対して逆転し、回転数は $a/(1-a)$ 倍（変速比は $(1-a)/a$）となる。

　図 4-15(d)はリングギヤ入力でサンギヤを固定した場合の共線図である。キャリアの回転はリングギヤと同方向で、速度はリングギヤ速度に対して $1/(1-a)$ 倍（変速比は $1-a$）となる。図 4-15(d)はダブルピ

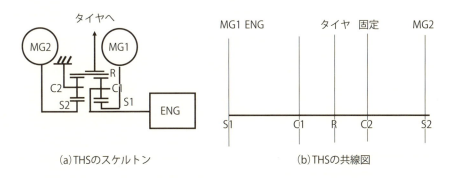

図4-16 トヨタハイブリッドシステム（THS）の作動を共線図で理解

ニオン式遊星歯車の各要素の入出力ならびに固定関係を示すスケルトン図である。

以上で遊星歯車の共線図の説明を終え、トヨタのハイブリッドシステム（THS）を例に共線図を使って作動を理解してみよう。

▼トヨタハイブリッドシステムにおける遊星歯車の活用

図4-16はTHSを単純化したスケルトン（図4-16(a)）と、THSの共線図（図4-16(b)）を表したものである。図4-16(b)の共線図には、エンジンと2つのモータ（MG1、MG2）と、タイヤの関係が割りつけられている。

遊星歯車はリングギヤを共有する2組のシングルピニオン式遊星歯車を使っている。キャリア1（C1）はエンジンと結合し、サンギヤ1（S1）はモータ1（MG1）と連結している。サンギヤ2（S2）にはモータ2（MG2）がつながり、キャリア2（C2）は常時固定されている。共有するリングギヤ（R）はタイヤと連結している。

次に走行シーン別にエンジンとモータ1、モータ2の作動について、この共線図を使って説明する。

図4-17は各走行シーン別の共線図を示した。図4-17(a)は、車両停止状態での共線図である。エンジン、モータ1、モータ2は停止状態である。共線図は黒太線の状態となる。もしバッテリーの充電状態が不足

する場合は、エンジンをかけてモータ1で発電することもできる。図4-17(a)の点線で記された共線図がその状態である。

　図4-17(b)はエンジン始動の状態である。モータ1を駆動してエンジンを始動する。タイヤホイールとモータ2は停止状態である。図4-17(c)は軽負荷走行状態で、バッテリーの充電状態が正常の場合である。このときは、エンジンを停止してモータ2を逆回転させて力行する。モータ2の回転は遊星ギヤ2で逆転減速され、タイヤホイールに動力を伝達する。この走行状態では、モータ1は空転状態である。

　図4-17(d)は、バッテリーの充電状態が不足する場合の軽負荷走行状態である。エンジンをかけてモータ1で発電して電気をバッテリーにためつつ、モータ2で力行する。図4-17(e)は定常走行時である。この走行状態ではエンジン出力で走行する。エンジン出力の一部はモータ1の発電にも使い、運転効率の高い負荷状態でエンジン走行をする。発電した電気でモータ2を駆動しモータアシストも行える。

　図4-17(f)は加速走行時である。この場合はエンジン出力を上げるとともに、モータ1で発電した電気を使ってモータ2の出力も上げて、両方の出力がタイヤホイールに伝達される。

　図4-17(g)は減速走行時でエネルギー回生時の作動状態である。バッテリーの充電状態が適正値以下の場合は、エンジンを停止してタイヤホイールからの減速エネルギーでモータ2を回して発電し、バッテリーに充電する。

　図4-17(h)はリバース走行の場合である。この場合はモータ2を正転力行させると、遊星ギヤで逆回転減速した動力がタイヤホイールに伝達される。もし、バッテリー充電状態が不足してきたらエンジンをかけて、モータ1で発電して電気をバッテリーにためることを、リバース走行と同時に行う（図4-17(h)の点線状態）。

第 4 章　モノづくりの定石とされる便利な機構事例

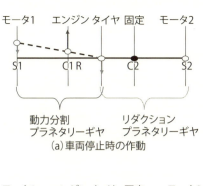
(a) 車両停止時の作動

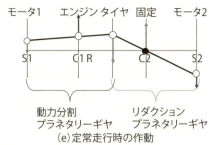
(e) 定常走行時の作動

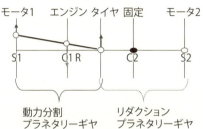
(b) エンジン始動時の作動

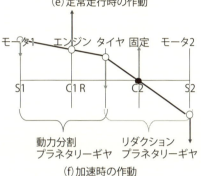
(f) 加速時の作動

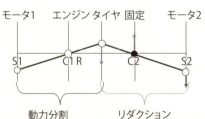
(c) 発進・軽負荷走行時の作動（EV走行）

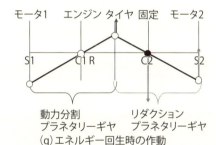
(g) エネルギー回生時の作動

(d) 発進・軽負荷走行時
（バッテリー充電量低下時の）作動

(h) リバース走行時の作動

→ 駆動トルク　→ 負荷トルク　-- 破線はバッテリー充電量不足時

図 4-17　走行シーン別の共線図

123

4-4 リンク・カム機構

▼リンク機構

　一般的なリンク機構は1自由度を持っている。これは、入力動作に対して単一の出力動作をさせるためである。代表的なものが4節リンク機構であり、図4-18に示すリンク機構はすべて4節リンク機構である。

　図4-18(a)はピストンの往復運動を、クランクの回転運動に変換する部分にリンク機構が使われている例である。図4-18(b)はパワーショベルである。パワーショベルはショベルで掘削し、掘削物をショベルで抱えて移動する仕事をする。ショベル部に4節リンク機構が使われ、油圧ピストンの上下運動でショベルの掘削と抱え込みを行っている。

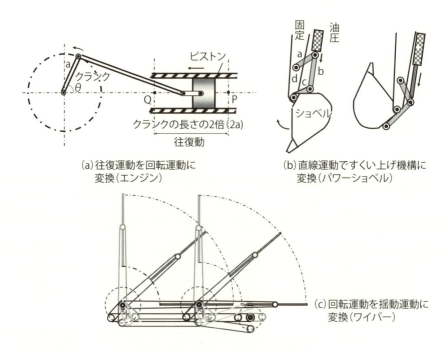

(a) 往復運動を回転運動に変換（エンジン）

(b) 直線運動ですくい上げ機構に変換（パワーショベル）

(c) 回転運動を揺動運動に変換（ワイパー）

図4-18　いろいろなリンク機構

図4-18(c)はワイパーの例である。太い丸囲み部分は各部の回転中心である。一番右側の太い丸囲み部分はワイパーモータの回転中心である。モータが回転するとリンク機構により、2本のワイパーブレードは他の太い丸囲み部を支点とした揺動運動に変換される。

▼カム機構

カム機構の特徴は、カム形状に倣った運動変換ができる点である。図4-19に各種カム機構を示し、以下のように分類される。
○平面力を利用するカム
○円筒カム
○端面力を利用したカム
○斜板力を利用したカム機構

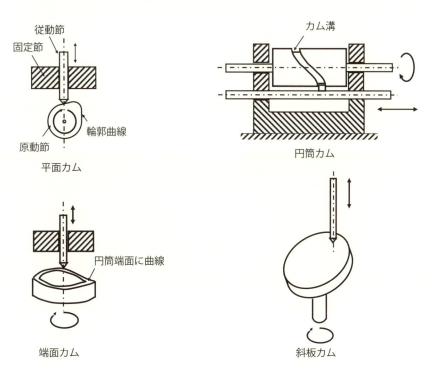

図4-19 各種カム機構

図4-20は実際にカム機構を使用した例を掲げる。図4-20(a)はエンジン動弁系の構造を示す。平面カムが使われ、吸気弁と排気弁の開閉タイミングを制御している。図4-20(b)は斜板式ピストンポンプで、斜板が回転すると斜板と一体で取り付いたピストンが上下に動き、吸気ポートから油圧を吸い込み吐出ポートで圧縮した高油圧を排出する。

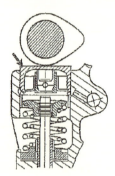

(a) エンジン動弁機構

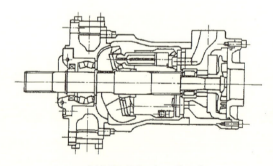

(b) 斜板式ピストンポンプ

図4-20　カム機構実施例

4-5 力を一方向だけ伝える機構

▼1ウェイクラッチ

内輪と外輪の回転差の向きに応じて締結する場合と空転する場合があるクラッチを1ウェイクラッチと呼び、駆動系ではいろいろな部分で利用されている。

図4-21は1ウェイクラッチの種類と構造を示している。図4-21(a)はローラータイプであり、図4-21(b)がスプラグタイプである。

原理を説明すると、ローラータイプの場合は内輪が円筒面であるのに対し、外輪は内周に複数の楔形状の空洞が開口し、その開口部にはスプリングとローラーが配置され、ばね力でローラーは楔開口部の狭い側に押された状態になっている。

ここで、内輪回転速度が外輪回転速度より速い場合は、ローラーは楔

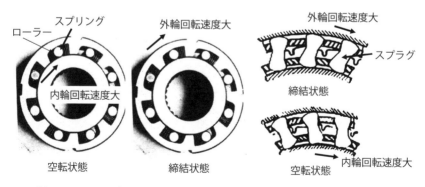

図4-21　主な1ウェイクラッチ

開口部の広い側に移動するため、外輪は空転状態となる。外輪回転速度が内輪回転速度より速くなると、ローラーは楔開口部の狭い側に食い込まれる状態となり、外輪は内輪と締結し一体回転する。

スプラグタイプは、瓢箪の駒のような形をしたものが斜めの姿勢で保持器を介して内輪と外輪の間に配置されている。内輪より外輪の速度が速いと、瓢箪の駒の斜めの姿勢が立つ状態になるため外輪と内輪がロックする状態となり、締結状態となる。外輪より内輪の速度が速くなると、瓢箪の駒の姿勢はさらに寝た状態となり、内輪と外輪は空転状態となる。

図4-22は1ウェイクラッチを、ハイブリッド車用ポンプに応用した例である。入力1用と入力2用それぞれに、1ウェイクラッチが配置されている。この1ウェイクラッチは入力軸側の回転数が出力軸側の回転数より高い場合にロックして、入力軸側回転数の方が出力軸回転数より

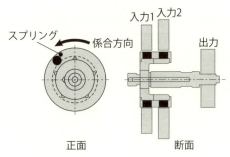

図4-22 ハイブリッド車用ポンプ駆動部への適用

低いと空転するようになっている。

　入力1の回転数の方が入力2の回転数より高ければ、出力軸と連結されたポンプは入力1の回転数で駆動され、入力2の回転数の方が入力1の回転数より高ければ、ポンプは入力2の回転数で駆動される。

　したがって、出力軸と連結するポンプは常に入力1か2のどちらか速い方で駆動される。ハイブリッド車では、エンジンを停止してモータ走行することがある。この場合、ポンプはモータで駆動することができる。エンジン走行の場合は同一のポンプを、今度はエンジンで駆動できる。

▼1方向送り機構

　図4-23は爪車式の一方向送り機構である。Cを左側に回すと、爪車Aは反時計回りに回転するが、Cを右側に回した場合は爪Bが跳ね上げられるだけで、爪車Aは回転しない。

　この機構は釣具のリールやブラインドの巻取機構、時計のぜんまいに使われている。図3-5で紹介した自転車のペダルにもこの機構が使われている。

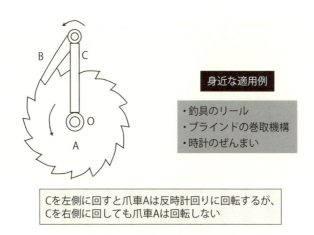

図4-23　爪車式一方向送り機構

▼2ウェイクラッチ

図4-24は2ウェイクラッチである。これは1ウェイクラッチと違って、空転するか締結するかの二者選択ができる機構である。外輪は円筒であるが、内輪は多角形形状をしている。内輪に取り付けられたリターンスプリングのばね力で、保持器に支持されたローラーは内輪多角形の中央に位置するように設計されている。この状態を示したのが図4-24(a)であり、外輪は空転状態である。

外力によりリターンスプリングに抗して、保持器を外輪と一体回転する状態にすると図4-24(b)のような状態となり、ローラーは内輪の多角形中央部から左右どちらかに移動するため、ローラーが外輪と内輪の狭い部分に食い込まれ、外輪の回転方向に依存せず締結状態を維持することができる。

ローラーの本数を増やすことで、大きなトルクを伝達できることと電動化しやすくコンパクトな点は有利な点である。しかし、普通のクラッチのような滑り機能がないため、内外輪回転差がほとんどない状態で締結しないと大きなショックが発生し、2ウェイクラッチ自体の破損につながる場合もあるため注意が必要である。

身近な使用例として図4-25に示す、オートフォーカスカメラがある。このカメラは図4-25(a)に示すように、レンズ交換可能な一眼レフ式である。オートフォーカス機能は、レンズに内蔵された超音波モータと、カメラ本体に内蔵されたDCモータのいずれでも行えるようになっている（図4-25(b)）。

図4-25(c)は2ウェイクラッチであり、カメラ本体に内蔵されたDCモータの回転速度が、レンズに内蔵された超音波モータの回転速度より速い場合のみ、DCモータでレンズのオートフォーカス機能を行う。

2ウェイクラッチの構造について以下に説明する。カム体外周面の複数箇所には、緩やかな花弁状曲線で形成されたカム凹部に、リテーナで保持された、周面コロが内蔵されている。

周面コロがカム凹部の中央部に位置している場合は、周面コロ外周に配置された出力筒との間で、動力伝達はせず空転する。出力筒は、歯車

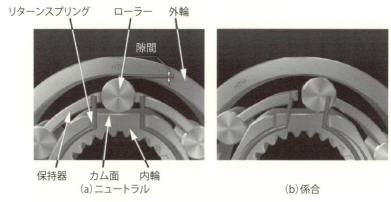

出所：NTN TECHNICAL REVIEW No.79 (2011)

図4-24　2ウェイクラッチの仕組み

列を介して、フォーカスリング連動環と連結している。フォーカスリング連動環は、レンズに内蔵された超音波モータでも、別の歯車列を介して、駆動できるようになっている。(図4-25(d)) クラッチ軸は、カム体と一体回転できる構造となっていて、クラッチ軸は、カメラ本体に内蔵されたDCモータにより回転される。

したがってDCモータの回転速度が超音波モータの回転速度より速い場合のみ、周面コロはカム体のカム凹部の中央部より左右どちらかに偏った位置に移動し、楔作用で出力筒と一体回転する。この回転動力は、オートフォーカス連動環ならびに超音波モータに伝達される。

超音波モータは始動レスポンスが遅いため、オートフォーカス開始時はDCモータで行い、超音波モータ始動後はDCモータを停止して超音波モータでオートフォーカスを行う。この状態では2ウェイクラッチがあるため、超音波モータの回転動力はDCモータには伝わらない。このような構成とすることで、速やかなオートフォーカスを行うことができる。

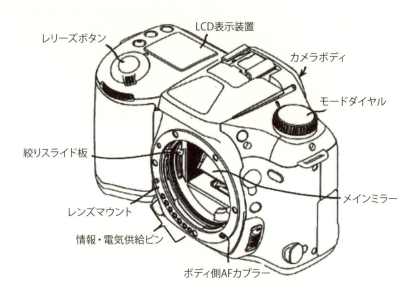
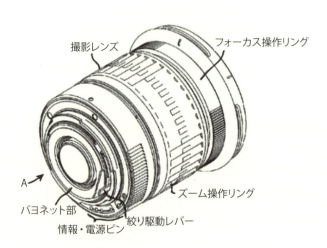

(a) カメラ本体とレンズ構造
特許第493415号

図 4-25　オートフォーカスカメラの

第4章 モノづくりの定石とされる便利な機構事例

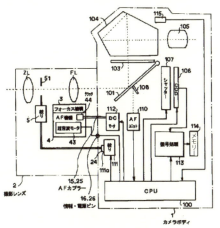

(b) カメラ内部構成

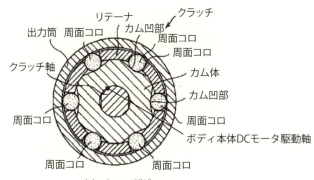

(c) 2ウェイ構造

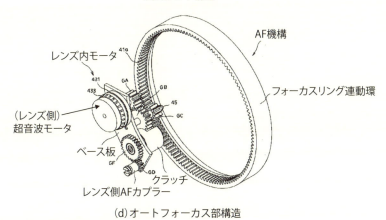

(d) オートフォーカス部構造

自動焦点機構に使われる2ウェイクラッチ

133

4-6 かしこい油圧弁

▼3方比例電磁弁

図4-26は3方比例電磁弁の構造図（図4-26(a)）と、作動メカニズムを説明するためのスプール弁本体構造図（図4-26(b)）である。油圧関係の仕事をしていない人は理解しにくいと思うので、これから詳しく説明していく。

建機のような高油圧（約30MPa）ではなく、6MPa以下の油圧を対象とする油圧弁は、図4-26(b)のような円筒シリンダー（薄アミ部）の中で液密摺動するスプール弁を使う。円筒シリンダーの内径部4カ所に円環溝a, b, c, dが形成されている。溝aの一部にポートが開口し、ドレーン油路と連通する。溝bはクラッチピストン室（制御対象）と連通するポートが開口し、溝cの一部は供給油圧と連通するポートが開口している。

溝dはオリフィスeを介して、クラッチピストン室と連通するポートが開口している。このオリフィスはスプールバルブの左右の動きやすさを規制するダンピング機能があり、油圧振動低減に効果がある。スプールバルブの左端側には、圧縮ばねが収納されていて、ばね力（kx）でスプールバルブを右方向に移動させる力を発生する。

スプールバルブのランド部Aの外径（D_1）は、ランド部Bの外径（D_2）より大きく段付き形状となっている。この段付き部（フィードバック室）には、クラッチピストン室油圧（P_c）が作用するため、$\frac{\pi}{4}P_c(D_1^2 - D_2^2)$の力が、スプールバルブを左方向に移動させる力（$F$）となる。ばね力（$kx$）の方がこの力（$F$）より大きければ、スプールバルブは右側に移動して、クラッチピストン室と供給油圧が連通し、クラッチピストン室の油圧は上昇する。そして、段付部の油圧により発生する力（F）がばね力を上回ると、スプールバルブは左側に移動し、供給油圧のポートを閉じてクラッチピストン室とドレーン油路が連通し、クラッチピストン室油圧は

第4章 モノづくりの定石とされる便利な機構事例

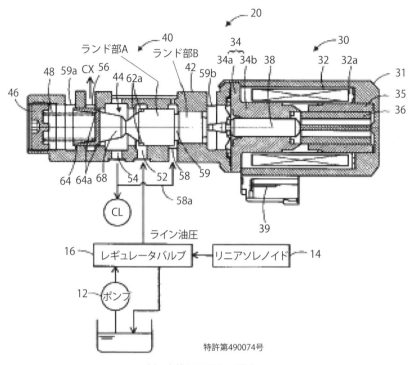

(a) 3方比例電磁弁の構造図

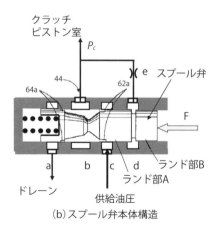

(b) スプール弁本体構造

図 4-26　3方比例電磁弁の構造と作動メカニズム

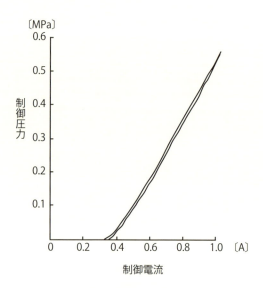

図4-27　3方比例電磁弁の電流・油圧特性

低下する。

　このようなスプールバルブの移動により、クラッチピストン室油圧 (P_c) は、$P_c = \dfrac{4kx}{\pi(D_1^2 - D_2^2)}$ に調圧される。この性質を利用して図4-26(b)のスプールバルブの右端に、比例ソレノイドを取り付け、電磁力 F でスプールバルブを左側に移動させる力を加えると、クラッチピストン室油圧 (P_c) は $P_c = \dfrac{4(kx - F)}{\pi(D_1^2 - D_2^2)}$ に調圧されることになり、クラッチピストン室油圧を、比例ソレノイドの電流で制御することが可能になる。

　なおこの構造のものでは、電流ゼロのときクラッチピストン室油圧が最大となり、電流の増加によりクラッチピストン室油圧を低くする方式で、ノーマリーハイ方式という。図4-26(b)において、比例ソレノイドをスプールバルブの左端に配置して圧縮ばねを右端に収納すれば、クラッチピストン室油圧 (P_c) は $P_c = \dfrac{4(F - kx)}{\pi(D_1^2 - D_2^2)}$ となり、ばね力 (kx) に

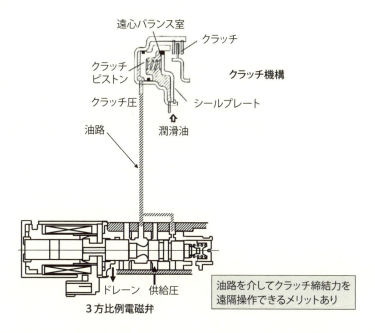

図4-28　3方比例電磁弁によるクラッチピストン室圧力制御システム

打ち勝つ電磁力（F）までは、ピストン室油圧はゼロであるが、それ以上では、電流に比例した油圧に調圧できる。このタイプの3方比例電磁弁をノーマリーロー方式という。

図4-27はノーマリーロー方式3方比例電磁弁の、制御電流と制御圧力の関係を示した静特性である。制御電流を増加するときの制御圧力と、制御電流を減少するときの制御圧力に若干のヒステリシスがある。これには比例ソレノイド摺動部の摩擦が関与している。ヒステリシスを小さくするために、制御電流に微弱振動電流（ディザー）を加えるなどの対策が施されている。

図4-28はこの3方比例電磁弁と、クラッチピストン室を油路で接続したシステムである。このように構成することで、電磁石に通電する電流を制御して、クラッチをスムーズに締結できる。

3方比例電磁弁を用いたクラッチ機構であれば、クラッチ機構部と3

方比例電磁弁を直列配置する必要がなく、油路を介して遠隔操作が可能という利点がある。

複数のクラッチの締結・開放制御を行う場合、電磁クラッチでは複数のクラッチに対応する位置に電磁クラッチを配置する必要があり、レイアウト上の制約で成立しない場合がある。

3方比例電磁弁を用いたクラッチシステムでは、複数の3方比例電磁弁を1カ所に集約して各クラッチに油路で連結すればよく、レイアウト上有利となる。複数のクラッチの締結・開放を組み合わせて複数段の変速をする自動変速機（AT）は、複数の3方比例電磁弁で油路を介してクラッチを接続する代表例である。

▼**チェック弁**

図4-29に示すチェック弁は、ボール弁やポペット弁を座面に密着するか開放するだけのシンプルな構成で、油圧を一方向にのみ供給し、逆方向の流れは阻止する機能があるので、油圧システムではいろいろなところで使われている。

図4-30はパイロットチェック弁の構造を示す。信号室に入る油圧

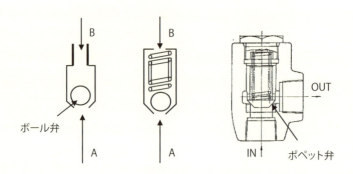

図4-29　各種チェック弁

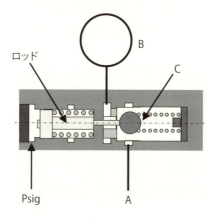

図4-30　パイロットチェック弁

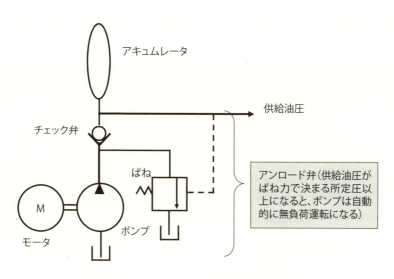

図4-31　アンロード弁の油圧回路図

(Psig) が一定値以上になると、ロッドの先端に作用する力が、ボール C を弁座から開放させ、B 室とポート A が連通する。Psig が一定値未満になると、ボールを座面に押しつけようとするばね力が、ロッドに作用する力に勝り、ボールは座面に密着する。すると、C 室はこのばね力で設定された油圧で保圧される。

ロッド部にパスカルの原理が利用され、小さな信号圧で高油圧部の開閉ができ、各方面での活用が期待できる。

図 4-31 はアンロード弁の油圧回路図である。電動ポンプの吐出ポートは、チェック弁を介してアキュムレータに接続している。アンロード弁は、アキュムレータ圧が所定値以下の場合、ポンプ吐出圧でチェック弁を開放し、アキュムレータに油圧を供給する。アキュムレータ圧が所定値以上になると、チェック弁下流のポンプ吐出圧を、ドレーンポートと直接接続する機能（無負荷運転）を行う。アキュムレータ圧が所定値以上の場合、電動ポンプは無負荷運転となるため省エネルギー化できる。アンロード弁は、チェック弁なしでは成立しないことがわかる。

4-7 監視役としてのセンサー

センサーは、フィードバック制御や学習制御などをはじめとする各種制御、機器の故障診断、フェールセーフにおいて欠かせない。センサーの種類を分類すると以下のようになる。

①時間
②回転・速度・回転数比
③変位
④振動・加速度・傾斜度
⑤温度・湿度
⑥圧力・負圧
⑦流量

⑧力・トルク
⑨電圧・電流など

▼要求機能を日頃から意識する

　新たなセンサーの開発は日進月歩で進化しており、センサーに関する情報に関心を持つことは重要である。こんなセンサーがあればシステムは高度化できるというような思考で、センサーの要求機能について日頃から意識しておけば、新たなセンサーの情報を入手した場合に即座に役立つかどうか判断できる。さらに、各種センサーがどのような形で、実機に適用されているかを知ることは、大変役に立つ。

　「トルクセンサー」でインターネット検索すると、概観形状、特徴、特性、用途などの情報しか得られない。一方、**図4-32**はフリーキーワード「トルクセンサー＋駆動力」で特許検索し、40件弱ヒットした発明の中から見つけたものである。この発明は、ハンドリムに与えられる操作トルクの大小に応じた、モータ駆動力によるパワーアシストを行う、電動車椅子の直進性を向上するものである。

　図4-32(a)は通常の車椅子の構造を示している。リムに手動操作力が与えられると、駆動軸に取り付けられた車輪が回転する。さらに、駆動軸には図4-32(b)に示すように軸トルクを検出するトルクセンサーが取り付けられ、検出された手動操作トルクに応じてモータを働かせ、車輪を駆動してパワーアシストするものである。

　リムは左右にあり、直進走行する意図があっても右手動操作トルクと左手動操作トルクが微妙に異なったり（図4-32(c)）、手動操作するタイミングにわずかなズレが発生したりすることが起こる（図4-32(d)）。ただ、それらの誤差が許容値以内であれば、左右のモータトルクは左右で操作力が同等となるようアシストすることが発明の趣旨である。

▼便利と感じた機構は見える化を進める

　このように、センサーについてもカタログを入手するだけでなく、センサー名＋要求機能でキーワード検索し、適用事例についての情報を入

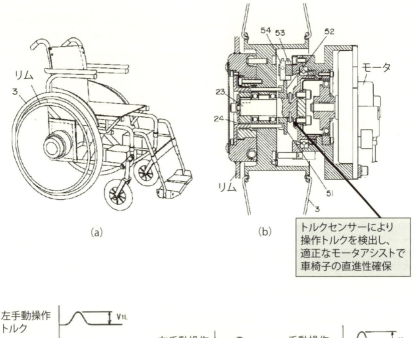

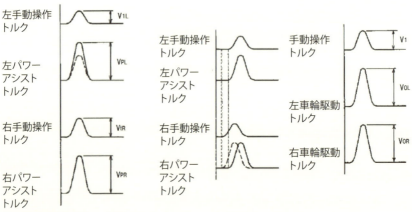

図 4-32　トルクセンサー適用事例

手するよう心がけるべきである。現在、介護ロボットの研究は活発に行われ、今後は確実に実用化されることが予想される。そのためトルクセンサーや視覚センサーなど人間の感覚に関係するセンサーは、ますます重要になってくると思われる。

　ここまで、私が考えている便利な機構例を紹介した。他分野で仕事をしている人にとって、必ずしも当てはまらない機構例もあるかもしれない。要点は、便利と感じた機構についてはその機構の原理・公式を理解し、適用例とともに見える化をすることである。

まとめ

◇モノづくり分野の技術者であれば、便利な機構・常套手段はあるはず。

◇それらの機構・常套手段については、分類して具体例とともに見える化をする。一例として、以下のような構成となる。
　①梃子・楔・セルフサーボ機構
　②エネルギー蓄積
　③遊星歯車機構
　④リンク・カム機構
　⑤１ウェイクラッチ
　⑥電気と油圧の融合
　⑦監視役のセンサー

さらに、センサーについては適用事例を知ることがアイデア出しに有効である。

演習問題 ⑨

バイメタル＋機能のキーワード検索により、バイメタルの新しい使用方法を見つける

演習問題 ⑩

遊星歯車を利用した身近な例を探してみる
　（フリーワード特許検索が有効なので実行してみてほしい）

演習問題 ⑪

斜面とばねを活用した身近な例を探してみる
　（フリーワード特許検索が有効なので実行してみてほしい）

演習問題 ⑫

ボールねじ送り機構とパスカルの原理を活用した身近な例を探してみる
　（フリーワード特許検索が有効なので実行してみてほしい）

第5章

新技術を手戻りなく開発する進め方

　近年の自動車関係の新技術は、ハイブリッド車に代表されるようにシステムが非常に複雑化し、従来のような開発手法では抜けや漏れが必ず発生する。こうした抜けや漏れが開発初期で見つけられない限り、開発の手戻りが起きる。さらに、開発段階で見つけられずに製品化されれば、最悪の場合はリコールに発展してしまう。

　そうした中、手戻りなく開発する手法として、システムズエンジニアリングが非常に有効で注目されている。ただ専門知が不足していれば、システムズエンジニアリングを活用しても手戻りは必ず発生する。本章では、システムズエンジニアリングと専門知の相乗効果により手戻りをなくす手法を、具体例をもとにわかりやすく紹介する。

5-1 すべてはアキレス腱探しから始まる

これまで紹介したツールや手法を使い、画期的な技術を創出できたら、次はその技術をいかに手戻りなく設計するかが重要になる。画期的な技術であればあるほど、複数の専門分野が関わっていたり、使われ方が従来と異なったりする確率が高い。このような技術を設計する場合は、アキレス腱探しが有効である。

アキレス腱探しとは、状態遷移図とタイムチャートを最初に作成し、基本動作を確認する。次に、状態を決定する因子と水準を決めたマトリックスを作成し、各状態遷移ごとに上記マトリックスの各因子における水準の変化の組合せをすべて洗い出す。これにより状態遷移時のすべての状況が特定でき、その中から危険な局面や未体験の事象を抽出し、それぞれの場面についてタイムチャートを作成する。これら一連のオペレーションが、アキレス腱探しの概要である。

▼自動車用変速機に関する新技術のアキレス腱探し

次に、具体例として自動車用変速機に関する新技術が創出されたと仮定して、アキレス腱探しを行ってみる。最初に行うプロセスがユースケース図を作成することである。図5-1が新変速機に関するユースケース図である。新変速機を枠の中央に配置して、枠外に新変速機と利害関係にあるすべての対象を記入する。利害関係のある対象として、以下を抽出した。

①車両、②エンジン、③ブレーキ、④オルタネータ、⑤ABS、⑥エンジンコンパートメント、⑦変速機油圧、⑧坂道勾配、⑨クリープ走行、⑩ロックアップ機構

次に新変速機と各利害関係のあるものとの間の、要求機能と制約機能を結びつけるとともに、物理量で関係づけを行う。ユースケース図を作成するに際しては、できるだけ多くの人に参加してもらって作成すると、抜けや漏れは少なくなる。なお、万一抜けや漏れがあったとしても、以

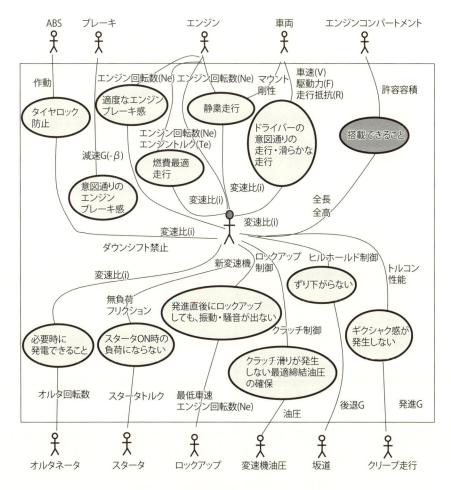

図 5-1　新変速機のユースケース図

下に行うアキレス腱探しをすれば見つかるので、あまり神経質にならず気楽に作成すればよい。次に行う作業が状態遷移図の作成である。

　対象が自動車であるため、状態遷移図は自動車の走行状態の変化を表すことになる。

　走行状態としては、「停止」「発進」「力行（Drive）」「減速」の4つである。「停車」から「発進」の状態遷移はあるが、その逆はあり得ない。

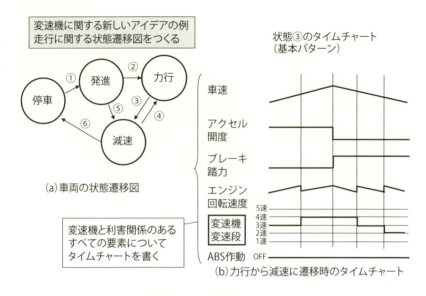

図 5-2　車両の状態遷移図と変速機を主体としたタイムチャート

「発進」したら、いったん「減速」のシーンを介して「停止」となるからである。図 5-2 は状態遷移図（図 5-2(a)）と、代表的なタイムチャート（図 5-2(b)）を併記したものである。考えられる状態遷移の数は、図 5-2(a)に示すように 6 つである。

次に、これら 6 つの状態遷移に対応するタイムチャートを作成する。タイムチャートを作成する場合は、ユースケース図で登場したすべての物理量についてのタイムチャートを、並列に記入することが重要である。時々刻々各物理量がどのように変化しているか、ビジュアルに見える化をすることで、挙動について全員で共有化できる。

図 5-2(b)は、状態遷移③（力行→減速）のタイムチャート（基本パターン）である。タイムチャートに記載する車速、アクセル開度などの項目は、変速機と利害関係のあるすべてのものを登場させることがポイントである。そのため、新変速機についてユースケース図を作成し、すべての利害関係のあるものを洗い出す作業を、前工程として行うことが有効である。

表 5-1 アキレス腱探しの手順

STEP1 状態を決定する項目と水準の決定

シフト位置	車速	ブレーキ位置	アクセル位置	要求減速度	要求加速度	路面勾配	路面摩擦係数
D	0	オフ	オフ	0	0	平坦	正常
N	低中速	オン	オン	低い	低い	正勾配	低μ(雪道など)
R	高速			高い	高い	負勾配	

STEP2 状態遷移と状態を決定する項目とのマトリックス作成

状態遷移③の場合 → マトリックスを活用して遷移前後で過酷なシーンを特定 ⇒ 特定されたシーンについてタイムチャート作成

遷移前

シフト位置	車速	ブレーキ位置	アクセル位置	要求減速度	要求加速度	路面勾配	路面摩擦係数
D	0	オフ	オフ	0	0	平坦	正常
N	低中速	オン	オン	低い	低い	正勾配	低μ(雪道など)
R	高速			高い	高い	負勾配	

遷移後

シフト位置	車速	ブレーキ位置	アクセル位置	要求減速度	要求加速度	路面勾配	路面摩擦係数
D	0	オフ	オフ	0	0	平坦	正常
N	低中速	オン	オン	低い	低い	正勾配	低μ(雪道など)
R	高速			高い	高い	負勾配	

▼アキレス腱探しの進め方

次に、いよいよアキレス腱探しのフェーズに入る。表5-1はアキレス腱探しの手順を示したものである。STEP1は、走行状態を決定する因子と水準を決めるプロセスである。因子として、

①シフト位置

②車速

③ブレーキ位置

④アクセル位置

⑤要求減速度

⑥要求加速度

⑦路面勾配

⑧路面摩擦係数

を選定した。各因子の水準は、

因子①がD・N・Rレンジの3水準

因子②は0・低中速・高速の3水準

因子③，④はそれぞれオン・オフの2水準
因子⑤，⑥はそれぞれ0、低い、高いの3水準
因子⑦は平坦、正勾配、負勾配の3水準
因子⑧は、正常、低μ（雪道・凍結路）の2水準
とした。

STEP2は、状態遷移前と遷移後で、上記8因子の各水準の変化の組合せをすべて書き出すプロセスである。単純な組合せ計算をすると、1つの状態遷移に対して1,944通りの組合せが存在する。しかし、表5-1の状態遷移③の場合を例にすると、遷移前に力行しているため、シフト位置はDレンジ以外にあり得ず、遷移後も意地悪運転をしない限りはDレンジのままである。

また、車速についても遷移前が高速であれば、遷移後も高速で変化することはない。ブレーキ位置についても遷移前は力行のためオフ、遷移後は減速によりオンで固定となる。アクセル位置についても遷移前がオンで、遷移後はオフ固定となる。

要求加速度と要求減速度については、極端から極端の水準変化のシーンを見ておけば、それ以外の組合せの状態変化をほぼ包括できる。状態遷移③の場合では、遷移前の要求加速度は高い状態から遷移後の減速度要求が高い状況を選択すればよい。このように絞り込みを行うと、結局、路面勾配の3水準と路面摩擦係数の2水準の組合せ（2×3）の6種類となる。

この6種類の組合せ状況の中で、危険な場面や従来と違う変化点となる状態がないかチェックする。危険な局面、変化点がある状況が見つかったら、特定場面のタイムチャートを作成する。

STEP2のプロセスをすべての状態遷移について行う。今回の例では6種類の状態遷移状況があるので、6種類すべてについて行う。このようにすれば、すべてについて漏れなく危険や変化点のある場面を確認できる。これがアキレス腱探しである。なお、このアキレス腱探しについては、ハード屋と制御屋が同席で行うことが重要である。

5-2 ハード屋と制御屋が同じ土俵でシステムを共有化する

アキレス腱探しで危険な場面や変化点のある状態が特定されたら、次に表5-2に示す状況別トレードオフ性能シートを作成する。このシートは、縦軸が制御対象となるすべてのパラメータであり、横軸が燃費・運転性・動力などの機能に関する項目である。

▼トレードオフへの対応

想定場面において、横軸の各機能間でトレードオフが発生するを確認する。トレードオフが発生した場合、どれを優先度の高い機能にするかについてハード屋と制御屋で合意するのである。合意したら、制御パラメータをどのような物理量に設定するかを決め、シートの該当欄に記入する。

以上のプロセスを行うと、今回開発する新しい変速機に対して利害関

表5-2 状況別トレードオフ性能シート

シーン		燃費	運転性	動力	音振	機能信頼性			
	重み	◎	○	△	○	○			
要求物理量	エンジン回転数								
	変速段								
	変速速度								
	ポンプ油圧			物理量記載					

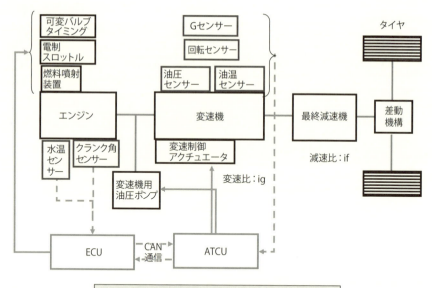

図 5-3　システムアーキテクチャー

係のある関連部品が明確化され、制御に必要なセンサーやアクチュエータなどがはっきりしてくる。したがって、図 5-3 に示すシステムアーキテクチャーを、ハード屋と制御屋が共同で作成することができる。

このシステムアーキテクチャーの登場人物は、あくまでも新しい変速機を主体に利害関係があるすべてのハード構成と、制御対象となるコンピュータユニット（CU）やアクチュエータ、センサーとなる。

▼パラメトリック図による見える化

制御論理を構築するためには、車両の運動方程式のような入力から出力に変換するための物理式が必要である。また、エンジンの全性能 MAP がなければ入力が決められず、変速機効率 MAP や変速 MAP がなければ、出力および燃費は予測できない。

さらに、制御アクチュエータの特性 MAP がないと、制御の入力に対

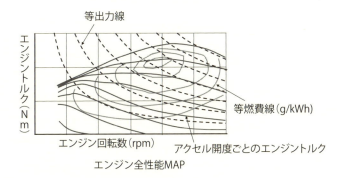

エンジン全性能MAP

入力トルク(Nm)	入力回転数(rpm)					
	1,000	2,000	3,000	4,000	5,000	6,000
−150						
−100						
−50		変速機フリクショントルク(Nm)				
0	1.5					
50	3					
100	8					
150	15	13	14			

変速機効率MAP

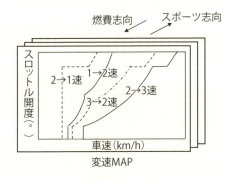

変速MAP

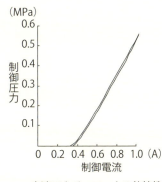

変速アクチュエータの静特性

車両運動方程式

$$F = \tilde{M}|\alpha| \pm C_v \times (V/3.6)^2 \pm R_t \pm Mg\sin\theta$$

$$T_v = F \times r_t \qquad T_e = \frac{T_v}{i_f \times i_g \times \eta_t \times \eta_e} \qquad N_e = \frac{V \times i_f \times i_g \times 60}{2\pi \times 3.6 \times r_t}$$

$$P(kW) = T_e \times \frac{2\pi \times N_e}{60}$$

図 5-4 パラメトリック図の具体例

するアクチュエータ出力を決めることができない。このように制御論理を構築する土台となる物理式、基礎 MAP、特性グラフなどを見える化したものがパラメトリック図であり、図 5-4 にパラメトリック図の具体例を示した。パラメトリック図を作成することは、ハード屋と制御屋がシステムを共有化する有効なツールとなる。さらには、ノウハウの伝承にもなるため、全身全霊を込めて作成することを推奨する。

5-3 専門知を活用して適用限界を知る

　自動車は 10 年、あるいは 20 万 km 以上使用されても絶対に壊れず、バイタルな不具合が発生しないように、耐久信頼性設計をしなければいけない。

　特に変速機は、エンジンの動力をタイヤに伝える変換装置であり、変速機の故障は致命的となるため、耐久信頼性設計は極めて重要である。変速機を構成する部品のすべてについて耐久寿命予測ができ、強度限界について把握しておく必要がある。図 5-5 は各要素の耐力、感度解析やサブシステムの特性を示したものである。

▼寿命推定の進め方

　図 5-5 左上の①クラッチ耐力特性からクラッチの耐久寿命予測を行うためには、図 5-6 に示すように、システムの潤滑環境を考慮して、発熱量（Q）をクラッチ温度（T）に換算し、耐久寿命との相関を表す線図（T-n 線図）に変換する必要がある。さらには、走行パターンに応じた使用頻度を重ね合わせることで、図 5-6 下式で示す判定により、初めて発進クラッチの寿命推定を行うことができる。

　ここで走行パターンは、自動車が使用される国や地域などにより異なるため注意が必要である。同一仕様品で、日本では考えられなかった不具合が、中国で発生したというようなことも起き得る。

第 5 章　新技術を手戻りなく開発する進め方

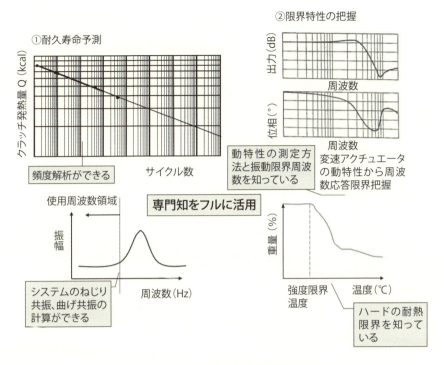

図 5-5　Q-N 線図、感度解析事例

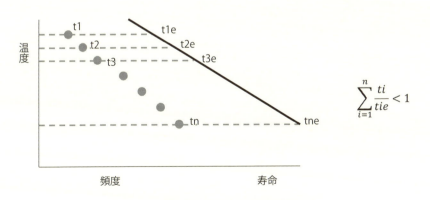

図 5-6　発進クラッチの寿命評価方法

このような走行パターンに関するノウハウについては、変速機メーカーが脈々と築いてきた専門知であり、他業種が容易に参入できない理由である。近年は、非常に高度な電子制御が使われ、対象となる電子制御システムの入力に対する出力動特性を把握していないと、要求通りの応答性実現ができず、油圧振動現象が発生して運転性を悪化する課題を抱え込むことになる。

▼共振周波数への対処

図5-7は3方比例電磁弁により、クラッチの締結油圧制御過程で発生した油圧振動の一例である。

クラッチ締結のためクラッチピストンが矢印方向に移動し、クラッチ締結開始時にクラッチピストンの移動が停止する。その際、右図に示す

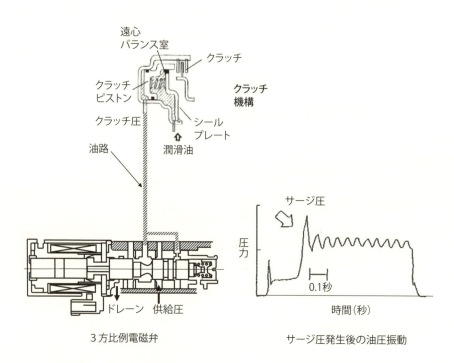

図5-7　3方比例電磁弁によるクラッチ油圧制御時の油圧波形

ようなスパイク状のサージ油圧が発生し、これをトリガーとして制御油圧は一定周期の油圧振動となり、減衰することがない。

このような課題を設計の初期段階でつぶし込むためには、実際の制御対象を模擬した系を使ってアクチュエータの周波数応答特性を測定し、同定したモデルを制御ブロックに入れることが重要である。

図5-8は、上述した3方比例電磁弁でクラッチの油圧制御する系の周波数応答特性の評価法を示している。3方比例電磁弁に実機相当の負荷（クラッチ）を接続した状態で、3方比例電磁弁の油圧指令を右図に示すような一定振幅のサイン波形の油圧に設定し、周波数は低周波数から徐々に高周波数にする。この入力指令に対する時々刻々の実クラッチ圧を測定する。指令油圧に対する実油圧の関係をFFT処理することで、図5-5の②に示すようなボード線図が得られる。このボード線図を使っ

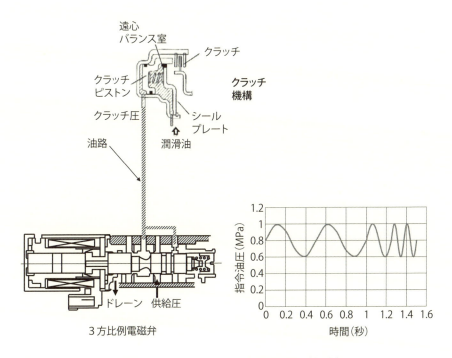

図5-8　3方比例電磁弁の周波数応答測定

てシステム同定を行い、システムブロック線図に組み込むのである。

さらに、車両システムにはさまざまな共振周波数があり、専門知をフルに活用して使用周波数領域の外に共振周波数をずらすことも、音振性能向上のために必要である。

5-4 損失エネルギーの根本原因の追究で技術の破綻を見抜く

変速機はエンジン動力を必要なときだけタイヤに伝達し、停車時にはエンジン動力がタイヤに伝わらないよう、動力を遮断する基本機能を備えている。したがって、エンジン動力の遮断状態から締結に移行する状態遷移が必ず発生する。

さらに、動力遮断中はエンジンの入力側回転数とタイヤ側の回転数に差があり、回転差に起因するフリクションロスが発生するため、変速機の効率は燃費に大きく影響する。したがって、新変速機のシステム構成を決定する場合には、エネルギー変換ロスを最小にする技術を導入することが極めて重要である。そのためには、損失エネルギーが発生する根本原因を究明し、解決手段を創出し、他の性能との両立が可能であることの検証が必要である。

システム構成を決定して、開発が進行した時点でそのシステム構成の欠陥が明らかになり、システム構成を大幅に変更することを余儀なくされると、それまでの開発行為は手戻りとなる。

▼変速機の基本機能で考える

さらに、変速機の基本機能は、動力の断接と締結であるため、このような状況でエネルギーが変換される場合の物理が活用できる。まず、動力遮断状態から締結過程では、力積＝運動量変化を考える。動力遮断状態から急に締結状態に移行すれば、運動量変化を短時間に行うことになり、大きな力が発生する。この力は車両に作用する加減速の急激な変化

となって、運転者に不快なショックを与える。極端な場合は、変速機構成要素の破損につながる可能性がある。

ルマン24時間耐久レースで、変速機関係のトラブルでリタイヤする光景を見た人は多いだろう。これは変速時のエンジン動力が途切れる時間を少なくするため、ドグクラッチを使って一瞬で変速機の変速段の切替を行うことが原因である。非常に大きな荷重が変速機のドグクラッチにかかり、破損して変速できなくなるケースが大半だ。変速機にとって変速段の変更は、運動量変化が発生する状態遷移であり、滑らかな変化となるような制御が要求される。

▼機構の長所と短所を見極める

第4章で紹介した力を拡大する機構は、変速機では非常に多く使われている。小型・軽量化は変速機にとって非常に重要な課題で、小さい力で大きな力を伝達する機構は重宝される。ここで見落とされやすいのが、この力を拡大する機構が、動力を伝達する場合しか働かないように錯覚することである。

前述したように、変速機の機能はエンジンの動力を伝達することと、動力を遮断する機能が必要である。この両方の機能を分担するのがクラッチである。動力を遮断する場合でも、クラッチには何らかの引きずりトルクが発生し、変速機の伝達効率低下の一因となっている。

ここで、もしクラッチに力を拡大する機構を使った場合は、クラッチの引きずりトルクも拡大されることを見落としてはいけない。特に、極低温時は作動油の粘度が非常に高くなるため、クラッチの引きずりトルクが増加することはやむを得ない。しかし、力を拡大する機構を使ったために、極低温時にエンジン負荷が高くなり過ぎて、エンストすることもあり得る。このことに気がつくのが遅れると、システム構成を一から見直す、設計の手戻りが発生する可能性は高くなる。

5-5 全知全能な人はいない（餅は餅屋に聞く）

　これまで手戻りなく開発する手法を紹介してきたが、私の経験の中で初めて要素技術を採用する場合や、採用実績のある要素技術でもこれまで経験したことがない使われ方をした場合は、手戻りなく設計できる可能性は非常に低くなる。

　このような場合は、積極的にサプライヤーや、カーメーカーの関連部署の知恵を活用することが大切である。表5-3はサプライヤーとの同席設計ツールであり、当然カーメーカーの関連部署との同席ツールとしても活用できる。

▼同席設計の有用性

　サプライヤーや関連部署と同席設計するときは、アキレス腱探しで選定した危険な場面または未体験状況について、該当する部品のサプライヤーか関連部署の人と共有することを最初に行う。次にその局面において、部品に要求される機能を部品の機能欄に記入する。

　基準となる従来設計の欄には、従来の使われ方の要求仕様（物理量）を記入し、新規設計欄に今回の状況で使われる場合の要求仕様（物理量）を、対比できるように記入する。変更点と変更内容欄には、今回の状況で仕様変更する項目と変更する目的を記入する。

　新規性欄はメーカーとサプライヤーの2行があるが、それぞれの立場での評点を記入する。評点のイメージを欄外に示している。次に記入するのは、変更に関わる心配点の列記である。システム・部品故障・不満欄には、どのような不具合が発生する恐れがあるか記入する。そして、その不具合が発生するメカニズムについては、心配点はどのような場合に、なぜ発生するか欄に記入する。

　列記された不具合についてFMEAを行うのが、トータルシステム階層、お客様への影響と故障等級欄である。故障等級のイメージについては、欄外に記入してある。

第5章 新技術を手戻りなく開発する進め方

表5-3 サプライヤーと同席設計するツール

部品名称	部品の機能	基準となる従来設計	新規設計	変更点と変更内容（変更目的）	新規性 メーカー / サプライヤー	変更に関わる心配点 システム・部品故障 不具	トータルシステム階層、お客様への影響・心配点はどのような場合になぜ発生するか	故障等級	未然防止のための対応 設計 / 評価 / 製造
A		・最大トルク、最高回転数寸法、応答性、騒音レベル、耐久頻度など従来設計値と新規設計値を横並びに併記		シーン別タイムチャートを使って発生内容を共有化する		・どこが破損する ・どこが摩耗する ・どんな性能不良 ・異音が発生 ・振動が発生 ・組付不良 などの不具合事象を記入	不具合発生メカニズムを記入		・誰がいつまでにどんな検討をする ・誰がいつまでにどんな評価をする
B							FMEA 故障モード 全体システムへの影響ランクを記入		
C	・トルクを伝達する ・動力を遮断する ・動力を滑らかにつなぐ ・空転時のフリクションが小さい ・作動時の騒音が小さい ・レイアウト要求スペースに収まる などの要求・制約機能を記入								

故障等級のイメージ
A 致命的
B 任務の重大部分の不達成
C 任務の一部の不達成
D 影響はほとんどなし

評点のイメージ
1：完全流用
2：標準の範囲
3：従来の知見で新たな設計
4：メーカー初採用
5：世界初採用

161

表5-4　ハード・ソフトウェアへの要求割付

機能詳細	要求機能	
	ハードウェア	ソフトウェア
どのようなシーンで： どのくらい（定量値で）：	要求仕様への落とし込み （最大回転数、最大トルク、最大消費電流など）	制御論理への落とし込み （フローチャートで表現できること）
どのようなシーンで： どのくらい（定量値で）：		
どのようなシーンで： どのくらい（定量値で）：		
どのようなシーンで： どのくらい（定量値で）：		

▼英知の結集が手戻りを防ぐ

　最後に行うのが、未然防止のための対応欄である。この欄には設計、評価、製造の3行あるが、誰が、いつまでに、どのような検討するかと、誰が、いつまでに、どんな評価をするかについて記入し、合意する。手戻りなく設計できるかどうかは、担当はもとよりサプライヤーや、関係部署の英知が結集された内容がこの欄に記載され、確実に実行されるかどうかで決まる。

　このようなプロセスを踏んで、初めて**表5-4**に示すハード・ソフトウェアへの要求割付が行える。

5-6　意地悪操作でもシステムが破綻しないことを検証する

　手戻りなく開発するために、最後に行うのがこのプロセスである。人間が操作する以上、ミスはつきものである。人間のミス操作で、システムが破綻するようでは落第と言っていい。

表5-5　意地悪操作の例（状態遷移③）

遷移前

シフト位置	車速	ブレーキ位置	アクセル位置	要求減速度	要求加速度	路面勾配	路面摩擦係数
D	0	オフ	オフ	0	0	平坦	正常
N	低中速	オン	オン	低い	低い	正勾配	低μ(雪道など)
R	高速			高い	高い	負勾配	

遷移後その1

シフト位置	車速	ブレーキ位置	アクセル位置	要求減速度	要求加速度	路面勾配	路面摩擦係数
D	0	オフ	オフ	0	0	平坦	正常
N	低中速	オン	オン	低い	低い	正勾配	低μ(雪道など)
R	高速			高い	高い	負勾配	

遷移後その2

シフト位置	車速	ブレーキ位置	アクセル位置	要求減速度	要求加速度	路面勾配	路面摩擦係数
D	0	オフ	オフ	0	0	平坦	正常
N	低中速	オン	オン	低い	低い	正勾配	低μ(雪道など)
R	高速			高い	高い	負勾配	

▼走行状況における意地悪操作の例

　5-1節のアキレス腱探しで使った、走行状況を決定する状態と水準マトリックスを使い、意地悪操作でもシステムが破綻しないことを検証するのである。

　加速から減速に移行する状態遷移③を例に、意地悪操作の仕方を説明したものが**表5-5**である。ドライバーが運転中に操作できるものとして、シフト位置とブレーキ、アクセルがある。そこで、最初の意地悪モードは、Dレンジで、アクセルON、ブレーキOFFで急加速走行状態から急制動要求のために、アクセルOFF、ブレーキONしたが、路面は低μ路下り坂の場面で、ドライバーがシフト位置をN（ニュートラル）にする例である。

▼想定できる意地悪操作をつぶす

　通常、シフト位置がNになると、変速機はエンジンとタイヤ間の動力伝達が完全に遮断される。この場面についてもタイムチャートを作成し、ブレーキ（特にABS）をどのように制御すれば車両姿勢を正常に保てるか検討する。

もう1つの意地悪操作は、上記の加速状態から減速状態に遷移する状況で、シフト位置はDレンジのまま、ドライバーがブレーキと同時にアクセルも踏んだ場面である。このようなときもタイムチャートを作成し、エンジンやブレーキはどのように協調制御するか考えるのである。このような意地悪操作を他の状態遷移についてもすべて行い、システムが破綻しない検証をする。

まとめ

◇ユースケース図で、設計対象と利害関係のある関連部品を洗い出す。

◇状態遷移図とタイムチャートを作成し、基本動作を標準化する。状態を決定する因子と水準を決める。

◇状態遷移ごとに各因子における水準変化の組合せを漏れなく洗い出す（アキレス腱探し）。

◇危険な場面や変化点のあるシーンが見つかったら、特定局面のタイムチャートを作成する。

◇各シーンにおけるトレードオフ性能と対応の仕方について、ハード屋と制御屋が設計初期段階で合意する。

◇設計対象を中心としたシステムアーキテクチャーを、ハード屋と制御屋が共同で作成する。制御を実現するために必要な物理式・基礎MAP・特性グラフなどをパラメトリック図として見える化をする。

◇初めて使用するハードや、従来とは違う使われ方をするものについては同席設計ツールを活用する。

◇アキレス腱探しを用い、意地悪操作を行ってもシステムの破綻がないことを検証する。

第5章　新技術を手戻りなく開発する進め方

演習問題⑬

電動ポットを例に状態遷移図を作成する

　電動ポットは、非作動・自動沸騰・保温・給湯の状態が存在する。それを踏まえて、電動ポットの状態遷移図を作成してみよう。

演習問題⑭

電動ポットを例にアキレス腱探しを行う

　電動ポットについてアキレス腱探しする。このとき、動作を決定する因子は電源・湯温・スイッチとなる。

165

演習問題の解答

演習問題 ❶
アイロンを題材にユースケース図を作成する

　ユースケース図に「これ！」という正解はない。作成する人の知識量や価値観の違いで、答えは如何様にもなる。ここで大事なことは、とにかくユースケース図について抵抗感なく作成する習慣をつけることである。

　参考として、私が作成したアイロンのユースケース図を以下に紹介する。

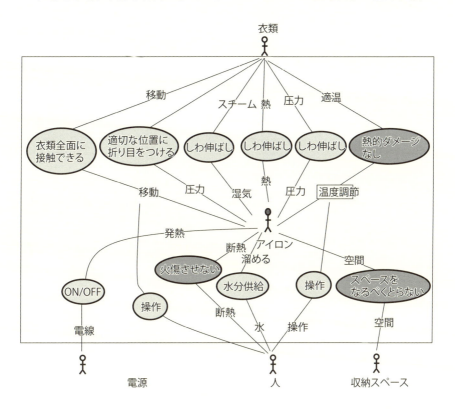

> **演習問題❷**
> 世の中を見渡し、気づいた類似事象を
> 6つの本質特性にグループ化してマッピングする

　日頃から、世の中で起きている現象に感度良いアンテナを張り、類似事象にタイトルをつけ、人間の6つの本質特性欄に分類してメモする習慣をつけよう。私の解答は以下の通りである。

　競い合うことでは、将棋ソフトVSプロ棋士やロボットコンテスト、おもちゃショーが同類で、共通ラベルは「知能競争」であろう。最近は除菌スプレーや布団掃除機、防かび洗剤が製品化されているが、これらは健康志向に該当し、共通ラベルは「綺麗好き」である。

　大リーグでの3,000本安打を目指すイチローの活躍や、大鵬の優勝回数を超えた白鵬の活躍、42歳を超えてもジャンプの表彰台に上る葛西紀明はまさに「レジェンド」であり、感動するにふさわしい。

　高度化した自動車技術として、自動ブレーキ・自動車庫入れ・自動運転が実用化されようとしている。これらは、気軽に欲求をかなえる内容であり、共通ラベルは「ALL Free」だ。メッセージプラカードや、居座りデモが発生している。これらは連帯感に属するもので、共通ラベルは「つながりの輪」である。また、プラモデルのように組み立てることでマイ3Dプリンターをつくる、あるいは精密な蒸気機関車を作成することは達成感につながり、共通ラベルは「組立」と言える。

類似点	気軽に欲求をかなえる	感動する	達成感	競い合う	連帯感	健康志向
知能競争				将棋ソフトVSプロ棋士 ロボットコンテスト おもちゃショー		
綺麗好き						除菌スプレー 布団クリーナー 防かび洗剤
レジェンド		イチロー 白鵬 葛西紀明				
ALL Free	自動ブレーキ 自動車庫入れ 自動運転					
つながりの輪					メッセージプラカード 居座りデモ	
組立			マイ3Dプリンター 蒸気機関車C57			

演習問題 ❸
アイロンの機能・属性分析を行い新しいアイデアを創出する

　最初にアイロンの機能・属性分析を作成する。7つの着眼点の中の「やめてみる」を適用してみる。まず、容易に思いつくのがコードレスであり、すでに市販されている。次に、ベースをやめたらどうなるかを考える。そこで思い当たるのが、スチーム機能付ヘアードライヤーである。そこでヘアードライヤーの構造を調べてみる。

　ヘアードライヤーは寝癖のついた髪を元に戻し、整髪したり望みのカールをつけたりすることが機能で、アイロンと共通する部分が多い。しかも、整髪時だけヘアードライヤーをONにして髪に近づける。アイロンとの違いは設定温度である。したがって、スチーム機能付ヘアードライヤータイプの構造で、ヒーター能力を向上したアイロンをハンガーに架けた状態の衣類に近づけて、しわ延ばしすることはできないだろうか。

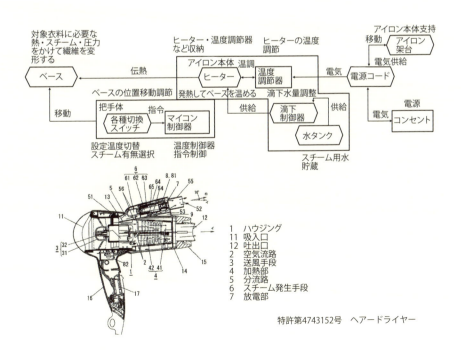

特許第4743152号　ヘアードライヤー

演習問題❹
損失エネルギーの根本原因を追究して省エネタイプのアイロンを考案する

アイロンの実仕事は衣類に接触するときのみであり、アイロン本体がアイロン架台に置かれている状態では、ヒーターに電流を通電することはムダな仕事をさせていることになる。だからと言って、通電をOFFにするとアイロンのベース温度が下がり、次にアイロンがけする際にベース温度が設定値まで上昇する間、アイロンのしわ延ばし機能は失われる。

なぜこのようなことが起きるか、損失エネルギーの根本原因を追究することで本質改善を図った構造を創出する。根本原因を調べた結果が、下表である。

本質原因は、ベースの温度を上昇するためにヒーターという抵抗体に電流を通電し、ジュール熱を発生させていることにある。瞬時にベースが設定温度まで上昇するなら、アイロンがけしていない状態では通電をOFFできる。そこでベースの温度上昇方法を根本的に変えて、電磁調理器のような電磁誘導加熱に変えたら、この課題は解決するのではないか。

アイロンベース部での熱変換効率が悪い根本原因

ベース部近傍のヒータに電流を流すことで、ベース本体の温度を上昇させるため、無用なジュール熱が発生し、熱変換効率が悪いこと

演習問題⑤
PowerPoint を使った知識の見える化に挑戦

　本書では紹介しなかった PowerPoint による知識の見える化ファイルがある。それは、私が約 20 年かけて培ったベルト式無段変速機（CVT）に関するノウハウである。知識の見える化の一例を下図に示す。

　金属ベルト CVT に精通していない人には理解できないかもしれないが、金属ベルトの伝達効率の悪化原因が各部で発生する滑りロスに起因していることを、わかりやすく見える化したものである。

　この知識の見える化をベースに社内教育を行ったが、実はほとんど理解されなかった。その理由は受講者のレベルがバラバラで、初級者にはまさに小学生に大学の講義内容を伝えているような状態であった。この例でわかるように、高度技術の伝承は非常に難しいことを体感した。しかし、こうした取り組みを続けない限り、技術伝承は途絶えることになる。経営陣には、さまざまな分野のプロフェッショナルが所有するノウハウを、PowerPoint で知識の見える化を図ることを推奨したい。

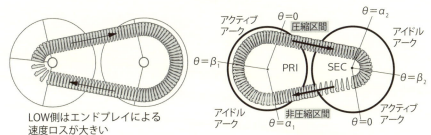

スリップ発生メカニズム

> **演習問題❻**
> ジャイロモーメントについて
> 知識の見える化を進める

　こまは、いったん回転すると、その姿勢を長く持続することは知られている。この現象について、PowerPointによる知識の見える化をした例を以下に示す。次ページの図は、角速度ωで回転しているこまの回転軸を、θだけ傾ける場合に作用するジャイロモーメントの大きさと方向について、知識の見える化をしたものである。

　垂直軸まわりに角速度ωで回転するこまには、回転円の接線方向に F の力が作用している。この状態から、軸の角度をθだけ傾けたこまの状態を右側に示してある。こまの円柱部だけ取り出して、軸が垂直の状態（太輪郭で示す円柱）と、軸がθだけ傾いた状態（破線輪郭で示す円柱）を重ね書きしたものが中ほどの図である。軸をθだけ傾けるために、円柱の c 点、d 点では力は発生しないが、a 点、b 点では力 f で方向が反対の荷重を作用させる必要がある。

　右下図は、こまに F の接線力が作用する回転円と、回転中心軸（Z 軸）、および f の接線力が作用する回転円と回転中心軸（x 軸）を、重ね書きしたものである。左下表は、力系の各種物理量と、トルク系の対応する物理量を対比したものである。力系の運動量（mv）に対応するトルク系の物理量が角運動量（$I\omega$）である。こまの角速度（$I\omega$）について軸が垂直の場合と、軸がθだけ傾いた状態で変化していないことがわかる。変化するときに発生するモーメントの大きさは、角運動量を一定のまま、軸を傾ける速さで決まる。この大きさは $\dot{\theta}$ で表され、これがジャイロモーメントの大きさになる。

　ところで、運動量（mv）の大きさと方向については、速度方向にベクトルで表すことができるが、角運動量の大きさと方向をベクトルで表示する場合は回転方向が常に変化するため、回転面と垂直な回転軸上にベクトルで表すルールになっている。右下図には、こまの角運動量（$I\omega$）は z 軸上にベクトル表示され、ジャイロモーメント（$I\omega\dot{\theta}$）は X 軸上にベクトル表示される。ジャイロモーメントの向きが、こまの角運動量の向きに対して 90°ずれることがわかる。

演習問題の解答

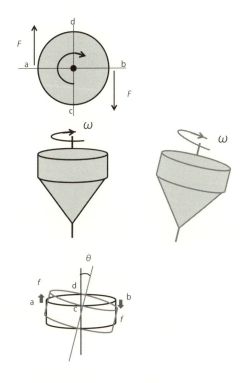

力 F	トルク T
質量 m	イナーシャ I
変位 x	角度 θ
速度 v	角速度 ω
運動量 mv	角運動量 $I\omega$
$F=m\dot{v}$	$T=I\dot{\omega}$
ジャイロモーメント $I\omega\dot{\theta}$	

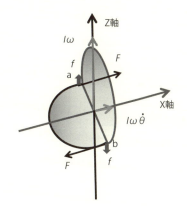

173

> **演習問題❼**
> 「家電製品＋機能」のフリーワードで特許検索し
> PowerPointで知識を見える化

　「扇風機＋空気流」をキーワードに特許検索すると、33件が該当する。この中に、ダイソンの羽根のない扇風機の基本特許を見つけることができる。下記にその内容を紹介する。羽根がなくても大量の送風ができるメカニズムについては、図3-6で紹介している。

　メカニズムについて本編では「アスピレータの原理」で紹介したが、この特許を見ると「コアンダ効果」と記述されている。そこで、ウィキペディアでコアンダ効果について調べると、以下のように書かれている。

　「粘性流体の噴流（ジェット）が近くの壁に引き寄せられる効果のことである。噴流が周りの流体を引きこむ性質が原因。飛行機が上昇する理由も、羽根にコアンダ効果で揚力が発生することを利用している。アスピレータもコアンダ効果も、ベルヌーイの定理に基づくものである。アスピレータは主に流体を扱い、コアンダ効果は気体を対象にしている点が違うだけである」

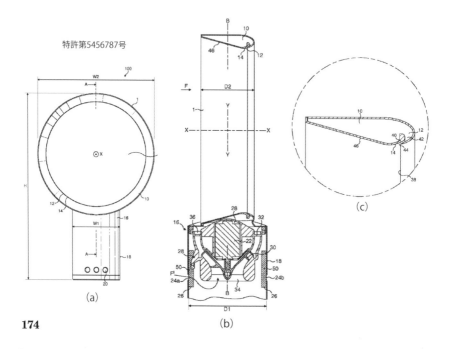

> **演習問題 ❽**
> アイロンを常時通電する理由を
> 結果・原因分析

　アイロンを常時通電しないと、ベース温度が徐々に下がっていく。そして、ベース温度が所定温度以下になると、洗濯物のしわ伸ばし機能が使えなくなる。一度下がったベース温度を、所定温度まで上昇するのに時間がかかることが根本原因となる。したがって、この原因と密接なキーワードとして加熱、発熱、瞬間を選定することができる。

　このキーワードを用い、インターネット検索で見つけた知識として下記が挙げられる。いずれも初めて見聞きするような技術で、世の中にはあまり知られていないさまざまな技術が実用化していることに驚かされる。このような技術を理解して自身の業務に適用すると、他社と差別化する商品を創出する可能性が生まれる。

- ■メタルファイバーヒーター
- ■瞬間発熱剤
- ■局部瞬間加熱高周波誘導装置

```
┌─────────────────────┐
│ アイロンはなぜ常時通電しないと │
│ いけないのか？          │
└─────────────────────┘
           ↓
┌─────────────────────┐
│ 通電しないとベース温度が    │
│ 下がるから             │
└─────────────────────┘
           ↓
┌─────────────────────┐
│ ベース温度が下がると、衣料のしわ │
│ を延ばすのに必要な発熱ができないから │
└─────────────────────┘
           ↓
┌─────────────────────┐
│ いったん下がったベース温度を上昇 │
│ するのに時間がかかるから    │
└─────────────────────┘

┌─────────────────────┐
│ キーワード：加熱、発熱、瞬間  │
└─────────────────────┘
```

> **演習問題 ❾**
> バイメタル+機能のキーワード検索により、
> バイメタルの新しい使用方法を見つける

　バイメタル+シートで特許検索すると、車両用シートのシートバックに埋設されたシートヒーターとバイメタルを利用し、着座者に押圧効果と温熱効果を付与する発明にたどり着く。

　次ページ上段の図は車両用シートの斜視図であり、着座者の肩部と腰部に刺激付与装置がそれぞれ一体に備えられている。刺激付与装置が備えられた部位では、中段の図に示されるように、シート表皮材の内側にシートヒーターとバイメタル板が配置されている。

　シートヒーターは下段の右図に示されるように、電源とグラウンドとの間に直列に接続されている。シートヒーターには手動スイッチ操作により電流が流れ、シートヒーターとグラウンドとの間にはシートヒーターに流れる電流を制限し、シートヒーターの過熱を防止するためのサーミスタが直列に接続されている。

　シートヒーターが作動されるとバイメタル板が加熱され、バイメタル板がシート表皮材側に凸状に変形される(中段の右図)。この変形により、シート表皮材の一部が突出して着座者に推圧効果を与える。シートヒーターが加熱状態となるとサーミスタの抵抗が増加し、シートヒーターに流れる電流が制限されてシートヒーターの温度が降下し、バイメタル板が元の平板形状（中段の左図）に復帰して着座者への押圧が休止される。

　このような原理で、下段左図に示すようにシートヒーターの温度の変化に応じて、バイメタル板の脈動が周期的に変化する。バイメタル板の周期的脈動に着目すれば、他の分野でも利用できそうである。

演習問題の解答

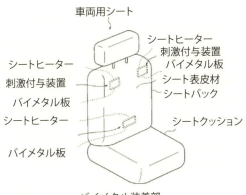

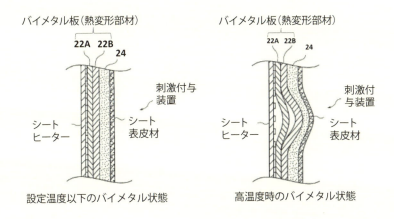

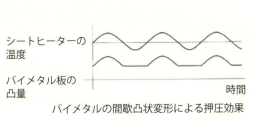

バイメタルの間歇凸状変形による押圧効果

特開2009-18085

※サーミスタ(温度調節手段、過熱防止手段、電流制限手段)

演習問題 ⑩
遊星歯車を利用した身近な例を探してみる

　遊星歯車のサンギヤを省略して、ピニオンギヤの延長部にカッターを取り付けた構造が鉛筆削り器に応用されている。下図に鉛筆削り器の内部構造を示す。

　中央部に鉛筆を挿入して鉛筆削り器のハンドルを回すと、ハンドルが遊星歯車のキャリアと一体のため、同一回転数でキャリアが回転する。リングギヤは、ケースに固定されているので回転しない。そして、ピニオンギヤは自転とともに、中央に挿入された鉛筆のまわりで公転する。

　ピニオンギヤの延長部には、斜め角度を持って伸びるカッターが取り付けられ、鉛筆を円錐状に削ることができる。リングギヤの歯数を 23 枚、ピニオンギヤの歯数を 18 枚とすると、ハンドルを一回転する間にカッターは逆方向に 0.28 回転 (1 − 23/18= − 0.28) する。すなわち 3.6 倍減速で、逆回転することになる。

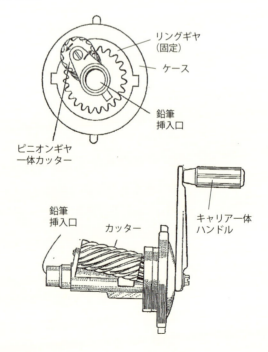

> **演習問題⓫**
> 斜面とばねを活用した身近な例を探してみる

　斜面とばねの組合せを利用したノック式ボールペンの突出・格納のメカニズムについて、下図を使って説明する。ノック部は固定カムAと一体で前後進可能であり、固定カムとばね1を介して対抗配置された回転カムとは、のこぎり歯形状をした凹凸部（固定カムの薄アミ部と、回転カムの濃アミ部）で接触できる構造になっている。

　さらに回転カムの円周上には、複数の突起部C（薄アミ部）が形成され、ボールペン軸筒内壁面にはカム溝D,E（濃アミ部）が形成されている。回転カムの回転角に応じて、突起部Cはカム溝Eと当接するか、カム溝D内に収納される。回転カムBとボールペンレフィルRとは、一体で前後移動するため、回転カム突起部Cとカム溝の位置関係で、ボールペンのペン先は突出して、ペン書きできる状態と格納状態をつくることができる。

　次に、ノック部の操作でペン先の突出と、格納が繰り返されるメカニズムを説明する。ノック部を押圧すると固定カムが前進し、軸筒先端と回転カム間に配置されたばね1のばね力は、固定カムと回転カム間に配置されたばね2のばね力より強いため、固定カムと回転カムの歯面同士が接触する。

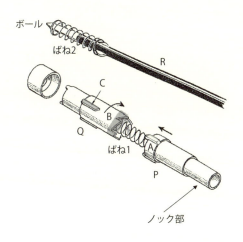

179

歯面は斜面形状をしているため、接触すると回転カムは前方に移動するとともに一定角度回動する。次にノック部の押圧を解除すると、ばね2の弾発力により回転カムおよびボールペンレフィルRや固定カム、ノック部は押し戻される。

　ここで回転カム上の突起Cはボールペン軸筒内壁面のカム溝Eと当接する位置で停止する。したがって、回転カムと一体のボールペンのペン先は、突出した状態を維持できるので、ペン書きができる。

　もう一度ノック部を押圧すると、固定カムの歯面と回転カムの歯面が接触し、回転カムは前進しつつ一定角度回動する。そしてノック部の押圧を解除するとばね2のばね力により、ボールペンのペン先や回転カムなどは押し戻され、回転カム上の突起Cは、カム溝Dの凹部内に引き込まれるため、ペン先は格納され回転カム、固定カムおよびノック部は元の状態に戻る。

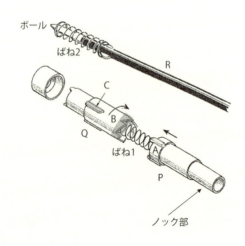

演習問題の解答

演習問題 ⓬
ボールねじ送り機構とパスカルの原理を活用した身近な例を探してみる

　板金加工の切断や塑性加工における金型の加工、あるいは金型鋳造や射出成形における金型移動などの機構において、低推力だが早送り移動と低速度だが早送り移動、低速度だが高推力を必要とする作動工程がある。これらの移動推力を付与するものとして、ねじによる送り機構か油圧式シリンダーが用いられている。

　しかし、同一容量のモータで作動するとき、これらの機構は推力を大きくすると送りは遅くなり、送りを早くすると大きな推力が十分得られないという構造的問題を含んでいる。これを解決したのが下記に示す特許である。作動メカニズムについて下記3つの図を使って説明する。

　(a)に示すサーボモータは電源をONすると、サーボモータの正方向の回転をプーリからタイミングベルトによりプーリに伝え、ボールねじ回転軸を正回転する。(a)においては回転軸の回転により、これと噛み合うボールねじナッ

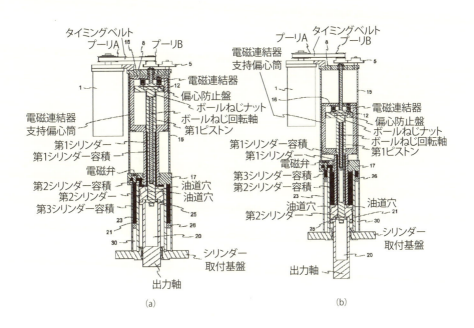

181

トは、偏芯防止盤と電磁連結器支持偏心筒とにより回転が阻止されているので、(b)に示すようにボールねじナットと電磁連結器支持偏心筒の位置関係は維持したまま電磁連結器支持偏心筒は直動下降し、第1シリンダーが第2シリンダーを下降させる。

　第2シリンダーの下端に一体の出力軸にボールねじ推力を与えて、シリンダー取付基盤から突出させる。このとき、第2ピストンの下降により、第2シリンダー容積が拡大するが、電磁弁が開放状態のため第3シリンダー容積の油が流入する。

　次に出力軸を高推力で直動する油圧シリンダー機構に移行した状態を示したものが(c)である。この状態では、電磁連結器がOFFとなり、ボールねじナットが電磁連結器から開放され、電磁連結器支持偏心筒内を直動降下する。この際、電磁弁はOFFで閉じられており、第3シリンダー容積への油の移行はできない。したがって、ボールねじナットと一体で降下する第1ピストンにより第1シリンダー容積が減少し、油が加圧され左右にある2個の油道穴から第2シリンダー容積に移動される。ここで、電磁弁が閉じているので、第2シリンダー容積の油がパスカルの原理により、第2シリンダーをさらに下方に高推力で押し、第2シリンダーと一体化した出力軸が高推力で、下方に進出することができる。

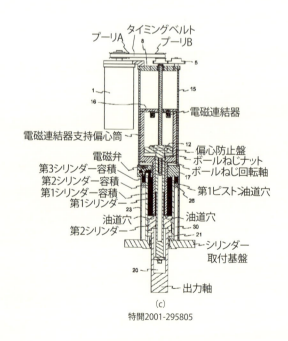

(c)
特開2001-295805

演習問題 ⓭
電動ポットを例に状態遷移図を作成する

　電気ポットの状態として、電気通電しない「非作動」とポットにたまっている水を「沸騰」させる状態、一端上昇した温度を「保温」する状態、ポットからお湯を注ぐ「給湯」の4つの状態が考えられる。このときの状態遷移図は下記のようになる。

　非作動状態から保温の遷移と、逆の保温から非作動の状態遷移が存在する。非作動状態から自動沸騰への状態遷移と、その逆の状態遷移が考えられる。非作動状態から給湯の状態遷移と、その逆の状態遷移も存在する。同様に、保温と給湯や自動沸騰と保温、自動沸騰と給湯間の双方向の状態遷移が考えられる。

　コンセントを断接する行為や、スイッチで意図的に状態を切り替えられることに制約がないため、各状態の遷移は可逆的になる。すなわち、いつでも各状態間の両方向遷移が可能ということになる。

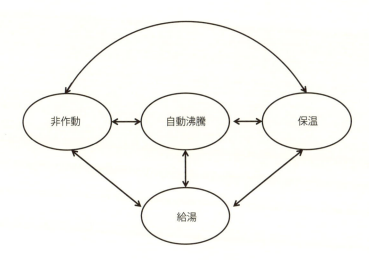

電気ポットの状態遷移図

演習問題⓮
電動ポットを例にアキレス腱探しを行う

　電気ポットの動作を決定する因子と水準は表 1 に示す通りである。電動ポットの状態遷移図は、比較的単純であることと、非作動時は電源 OFF で固定され、それ以外の状態では ON に確定しているため、アキレス腱探しは意外とシンプルである。湯温の水準も 3 つしかなく、状態とスイッチの状態が一致してアキレス腱探しを行う組合せ数が大幅に減少するため、容易に抜けや漏れのないアキレス腱を見つけることが可能である。

状態を決定する因子と水準

電源	湯温	スイッチ
ON	低温<70℃	OFF
OFF	中温(70℃〜90℃)	給湯
	高温(90℃〜100℃)	保温
		沸騰

非作動

電源	湯温	スイッチ
ON	低温<70℃	OFF
OFF	中温(70℃〜90℃)	給湯
	高温(90℃〜100℃)	保温
		沸騰

保温

電源	湯温	スイッチ
ON	低温<70℃	OFF
OFF	中温(70℃〜90℃)	給湯
	高温(90℃〜100℃)	保温
		沸騰

保温

電源	湯温	スイッチ
ON	低温<70℃	OFF
OFF	中温(70℃〜90℃)	給湯
	高温(90℃〜100℃)	保温
		沸騰

給湯

電源	湯温	スイッチ
ON	低温<70℃	OFF
OFF	中温(70℃〜90℃)	給湯
	高温(90℃〜100℃)	保温
		沸騰

保温

電源	湯温	スイッチ
ON	低温<70℃	OFF
OFF	中温(70℃〜90℃)	給湯
	高温(90℃〜100℃)	保温
		沸騰

非作動

電源	湯温	スイッチ
ON	低温<70℃	OFF
OFF	中温(70℃〜90℃)	給湯
	高温(90℃〜100℃)	保温
		沸騰

給湯

電源	湯温	スイッチ
ON	低温<70℃	OFF
OFF	中温(70℃〜90℃)	給湯
	高温(90℃〜100℃)	保温
		沸騰

保温

電源	湯温	スイッチ
ON	低温<70℃	OFF
OFF	中温(70℃〜90℃)	給湯
	高温(90℃〜100℃)	保温
		沸騰

演習問題の解答

給湯

電源	湯温	スイッチ
ON	低温<70℃	OFF
OFF	中温(70℃〜90℃)	給湯
	高温(90℃〜100℃)	保温
		沸騰

非作動

電源	湯温	スイッチ
ON	低温<70℃	OFF
OFF	中温(70℃〜90℃)	給湯
	高温(90℃〜100℃)	保温
		沸騰

非作動

電源	湯温	スイッチ
ON	低温<70℃	OFF
OFF	中温(70℃〜90℃)	給湯
	高温(90℃〜100℃)	保温
		沸騰

給湯

電源	湯温	スイッチ
ON	低温<70℃	OFF
OFF	中温(70℃〜90℃)	給湯
	高温(90℃〜100℃)	保温
		沸騰

給湯

電源	湯温	スイッチ
ON	低温<70℃	OFF
OFF	中温(70℃〜90℃)	給湯
	高温(90℃〜100℃)	保温
		沸騰

自動沸騰

電源	湯温	スイッチ
ON	低温<70℃	OFF
OFF	中温(70℃〜90℃)	給湯
	高温(90℃〜100℃)	保温
		沸騰

自動沸騰

電源	湯温	スイッチ
ON	低温<70℃	OFF
OFF	中温(70℃〜90℃)	給湯
	高温(90℃〜100℃)	保温
		沸騰

給湯

電源	湯温	スイッチ
ON	低温<70℃	OFF
OFF	中温(70℃〜90℃)	給湯
	高温(90℃〜100℃)	保温
		沸騰

索 引

英数字

1 自由度 …………………………… 124
1 方向送り機構 …………………… 129
3 分以内 …………………………… 71
3 方比例電磁弁 ………… 134, 156, 157
4 節リンク機構 …………………… 124
7 つの着眼点 … 17, 25, 42, 61, 84, 169
DCT ………………………………… 19
FMEA ……………………… 31, 160
HOW ……………… 34, 35, 36, 38, 85, 86
i-ELOOP ………………………… 114
LED 電球 ………………………… 24
PowerPoint による知識の見える化
……… 64, 69, 77, 87, 97, 171, 172
QFD ……………………… 11, 35, 36
SCAMPER ………………………… 17
TRIZ ……………………… 13, 18, 42
What ……………………… 31, 33
Why ……………………………… 31

あ

アイデア創出 ……………………… 80
アイデア出し
………… 10, 13, 15, 48, 64, 71, 75
アイデア発想法 …………………… 64
アイドリングストップ …… 23, 59, 108
曖昧な知識 ………………………… 65
アキュムレータ
…………… 53, 54, 58, 59, 106, 140

アキレス腱探し ……………… 146,
149, 151, 160, 163, 164, 184
アスピレータの原理 ………… 81, 174
アレックス・オズボーン …………… 17
アンテナ ……………………… 25, 168
アンロード弁 ……………………… 140

い

意地悪操作 ………… 162, 163, 164

え

エネルギー回生システム …………… 57
エネルギー変換 ……………… 50, 158
エネルギー変換効率 …… 52, 57, 58, 61
エネルギー密度 …………………… 51

お

遠心クラッチ ……………………… 79
オートフォーカスカメラ ………… 130
オルタネータ ……………………… 114

か

回生 ……………………… 114, 122
回生デバイス ……………………… 51
換える ……………………… 17, 19
学習制御 ………………………… 140
核心技術 ……………………… 80, 97
可変機構 ………………………… 75
乾式クラッチ ……………………… 78
慣性モーメント ………………… 113

感度 ································· 24, 168
感動する ······························· 14
感度解析 ······························ 154

き

機器の故障診断 ······················· 140
危険な場面 ············· 150, 151, 160, 164
基礎 MAP ······················ 154, 164
競い合う ······························· 14
機能・属性分析
    ········ 31, 42, 44, 48, 61, 84, 169
キャパシタ ······················· 51, 114
キャリア ························· 115, 121
共線図 ··············· 116, 118, 119, 121
共通標語 ··························· 15, 39

く

クラッチ機構 ························ 76, 77
クラッチ締結システム ····················· 60

け

蛍光管電球 ····························· 24
結果・原因分析 ···················· 88, 97, 97
結合する ··························· 17, 22
健康志向 ······························· 14
原理モデル ············· 71, 73, 79, 81, 82

こ

コアンダ効果 ························· 174
好奇心 ································· 64
向上心 ································· 64
高度化する ························ 17, 24
故障等級 ····························· 160
故障モード影響解析 ······················ 31
コニカルクラッチ ···················· 79, 102
コンセプト ·························· 11, 13

さ

サイクロン方式 ······················ 19, 44
材料力学 ······························· 75
錯覚 ································· 159
差別化 ································· 66

サンギヤ ··················· 115, 121, 178

し

システムアーキテクチャー ········ 152, 164
システムズエンジニアリング ········· 13, 30
湿式多板クラッチ ························ 78
シフトバイワイヤー ·················· 18, 20
自分野と共通の基礎技術 ················· 24
ジャイロモーメント ······················ 172
重点改善品質性能 ······················· 11
周面コロ ····························· 130
出力変換効率 ··························· 49
寿命推定の進め方 ····················· 154
省エネルギー
    ····· 53, 56, 61, 74, 78, 88, 97, 140
省エネルギー機構 ························ 75
状況別トレードオフ性能シート ········· 151
状態遷移 ········ 150, 158, 163, 164, 183
状態遷移図
    ······ 146, 147, 148, 164, 183, 184
常套手段 ············· 74, 75, 100, 143
省燃費 ······························· 108
将来トレンド ···························· 11
シリーズハイブリッドシステム ··········· 54
シングルピニオン式遊星歯車 ··· 116, 121
シンクロ ······························· 61
心配点の列記 ························· 160
親和化 ································· 34

す

スーパーコンポーネント ················ 42
スプール弁 ··························· 134
スプラグタイプ1ウェイクラッチ ····· 127
滑り機能 ····························· 130
スロットルバイワイヤー ················· 20

せ

制御パラメータ ······················· 151
制御屋 ················ 150, 151, 152, 164
制振機構 ········ 76, 13, 31, 33, 33, 146
制約機能 ············· 13, 30, 33, 34, 146

セルフロック
　…………61, 83, 88, 94, 110, 112
先行開発……………………………… 87
センサー……………………………… 140
センサー・アクチュエータ………… 76
ぜんまいばね………………………… 109
専門知………………………………… 64,
　66, 71, 73, 80, 82, 83, 91, 154
専門知識の分類……………………… 74
専門知の整理………………………… 73
専門知を定着する手法……………… 67

そ

走行シーン別の共線図……………… 123
想定課題……………………………… 34
損失エネルギー……………… 49, 158, 170

た

耐久信頼性設計……………………… 154
タイムチャート…………… 146, 148, 164
大容量エネルギー…………………… 113
達成感………………………………… 14
ダブルピニオン式遊星歯車………… 119
他分野の新技術……………………… 25
ダンパー………………………… 48, 94

ち

チェック弁………………… 94, 107, 138
力を一方向だけ伝える機構………… 127
力を拡大する機構…………………… 100
力をためる機構……………………… 106
知識の分類…………………………… 67
中核原因………………………… 88, 97
超音波モータ………………………… 130

つ

釣具のリール………………………… 129

て

低コスト……………………………… 60
テーブル位置決め装置……………… 88
手軽に欲求をかなえる……………… 14

適用限界……………………………… 154
梃子の原理………………………105, 118
デュアルクラッチトランスミッション
　……………………………………… 19
電動ボールねじ……………………… 89

と

ドアクローザ………………………… 92
2 ウェイクラッチ…………………… 130
同席設計ツール……………………… 160
ドグクラッチ…………………… 61, 159
時計のぜんまい……………………… 129
特性グラフ………………………154, 164
特許調査……………………………… 82
トヨタハイブリッドシステムにおける
　遊星歯車の活用………………… 121
トライボロジー……………………… 74
トルクカム…………………………… 100
トルクコンバータ…………………… 48
トルクセンサー……………………… 142
トレードオフ…………………… 13, 151

に

人間のミス操作……………………… 162
人間の 6 つの本質特性
　……………………… 14, 15, 25, 168
人間の 6 つの本質特性と 7 つの
　着眼点マトリックス………26, 39, 42

ぬ

抜けや漏れ……………………… 37, 184

ね

ねじ…………………………………… 100
ねじりコイルばね……………… 110, 112
ネック………………………………… 26
ネック技術……………………… 26, 28

の

ノーマリーハイ方式……………136, 137

索 引

は

- ハード・ソフトウェアへの要求割付 162
- ハード屋 150, 151, 152, 164
- バイメタル板の周期的脈動 176
- パイロットチェック弁 138
- パウダークラッチ 78
- 白熱電球 24
- パスカルの原理 104, 140, 181
- ばね式アキュムレータ 107
- パラメトリック図 152, 164
- パワー密度 51
- バンドブレーキ 102

ひ

- ピタゴラスの定理 69
- 一人二役させる 17, 23
- ピニオンギヤ 115, 178
- 便覧 65, 71

ふ

- フィードバック制御 140
- フェールセーフ 18, 19, 20, 140
- 付加価値 28
- 付加機能 28
- 吹き出し 42
- 物理式 154, 164
- 物理量 42, 146, 148, 151
- フライホイール 51, 57, 78, 113
- ブラインドの巻取機構 129
- ブレーキバイワイヤー 20
- ブレーンストーミング 48
- フレミングの左手の法則 82

へ

- ベルト式無段変速機 171
- ベルト伝達機構 102
- ベルヌーイの定理 72
- 変化点 44, 48, 61, 77, 79, 97, 150, 151, 164
- 変化点を探す 17, 23

- 便利な機構 100, 143

ほ

- ボールねじ送り機構 181

み

- 見える化 15

む

- 無段変速機 58, 114

も

- モータ・ジェネレータ 48, 57

や

- 役立つ知識 82, 87, 88
- 矢印 42, 44
- やめる 17, 21

ゆ

- 油圧式シリンダー 181
- 油圧振動低減 134
- 油圧ポンプ・モータシステム 49
- ユースケース図 13, 30, 31, 32, 36, 83, 146, 164, 167
- 遊星歯車 22, 83, 95, 115, 178
- 遊星歯車機構 115

よ

- 要求品質 11
- 要求機能 13, 30, 33, 34, 42, 85, 86, 141, 146
- 要求機能実現手段 34
- 揺動運動 125

ら

- ラックアンドピニオン 89, 94

り

- 利害関係 13, 33, 36, 146
- リチウムイオン電池 51, 114
- リンク 18, 94

189

リンク・カム機構 ……………………… 124
リングギヤ ………………… 115, 121, 178

る

類似技術 ………………………26, 28, 34
類似法 ………………… 13, 15, 39, 83
ルンバ ………………………………… 44

れ

連帯感 ……………………………… 14

ろ

ローラータイプ 1 ウェイクラッチ …… 127
ロス …………49, 52, 60, 61, 158, 171

わ

分ける ……………………………17, 20
1 ウェイクラッチ ………………… 127
ワンポイントレッスン
　………………… 64, 69, 71, 87, 97

〈著者紹介〉

加藤 芳章（かとう よしあき）

1950年3月12日神奈川県生まれ。73年東京工業大学応用物理科卒業後、日産自動車総合研究所に入社し、駆動関係の先行開発に従事。95年に東京工業大学で博士（工学）授与。96年駆動系主管研究員。99年ジヤトコ転籍後も先行開発に従事。2000年シニアチーフリサーチャ（部長待遇）を経て10年から15年3月まで嘱託として勤務。以降は自動車関連技術コンサルタントとして活躍する。

2013年自動車技術会技術貢献賞、2014年日本機械学会技術功績賞受賞

手戻りのない先行開発
QFDの限界を超える新しい製品実現化手法

NDC509.63

2015年5月25日　初版1刷発行　　　　　定価はカバーに表示されております。

©著　者	加　藤　芳　章	
発行者	井　水　治　博	
発行所	日刊工業新聞社	

〒103-8548　東京都中央区日本橋小網町14-1
電話　書籍編集部　03-5644-7490
　　　販売・管理部　03-5644-7410
　　　FAX　　　　　03-5644-7400
振替口座　00190-2-186076
URL　http://pub.nikkan.co.jp/
email　info@media.nikkan.co.jp
印刷・製本　新日本印刷

落丁・乱丁本はお取り替えいたします。　　2015　Printed in Japan
ISBN 978-4-526-07416-5　C3053

本書の無断複写は、著作権法上の例外を除き、禁じられています。

●日刊工業新聞社の好評新刊書●

プレス加工「なぜなぜ？」原理・原則手ほどき帳

小渡邦昭 編著
定価（本体2,300円＋税）　ISBN978-4-526-07382-3

最近の現場は、マニュアルや指示書を鵜呑みにしたモノづくりを行う例が多いようです。どんなに高精度な金型をつくっても機械の能力や状態を理解せずに生産を続ければ、金型の性能をフルに発揮した成形はできません。そこで、日常のプレス作業で直面する出来事の本質を見極める原理・原則を指南。トラブル発生時の真因追究や対策立案の視点と進め方を授けます。

自動車軽量化のための接着接合入門

原賀康介、佐藤千明 著
定価（本体2,500円＋税）　ISBN978-4-526-7364-9

自動車車体軽量化に向けて、鋼板主体からCFRPを筆頭とする軽量複合材を多用する構造への変更が検討され始めました。そのような複合材を接合する際、高価な設備や高度な技術を必要としない接着に注目が集まっています。そこで、従来の接合手段の主流である溶接や締結と比べた接着接合の機能や生産性、コスト性を紹介すると同時に、適用法や工法を平易に指南します。

連続繊維FRTPの成形法と特性
カーボン、ガラスからナチュラルファイバーまで

邉 吾一 編著
定価（本体3,200円＋税）　ISBN978-4-526-07384-7

従来のCFRPは、「成形加工時間が長い」「設備が高価」などの課題があります。一方でCFRTPは高速成形や汎用性の高い接合が行え、量産車や鉄道車輌など用途拡大が期待されています。本書は連続繊維を強化材に用い、母材にPPなど熱可塑性樹脂を用いたFRTPの成形技術を解説。フィルムやスタンパブルシートなど材料形態別に成形条件や機械的特性などを示します。